AF524166

Verlag Podszun-Motorbücher GmbH
Elisabethstraße 23-25, D-59929 Brilon
Herstellung: LUC Medienhaus, Greven
Internet: www.podszun-verlag.de
Email: info@podszun-verlag.de
ISBN 978-3-86133-901-4

ALEXANDER WEBER

Fotoalbum der MASCHINENFABRIK ESSLINGEN

Die Elektrofahrzeuge

PODSZUN

Vorwort

Das Thema Elektromobilität ist heute bekanntermaßen in aller Munde. Doch vieles, was momentan als bahnbrechende Neuentwicklungen angepriesen wird, gab es schon vor Jahrzehnten in gleicher oder ähnlicher Form. Die Maschinenfabrik Esslingen hatte bereits vor rund 100 Jahren neben einem umfangreichen Angebot an Flurförderfahrzeugen ein komplettes Programm an Elektrolastwagen und -lieferwagen für den innerstädtischen Warentransport entwickelt und dieses auch über Jahrzehnte erfolgreich vermarktet. Erst die Massenmotorisierung der 1950er-Jahre ließ die Elektrofahrzeuge zu einem Auslaufmodell werden. Umweltschutz war damals kein Thema und Kraftstoff billig zu haben. Die Ölkrise der 1970er-Jahre leitete hier wieder ein Umdenken ein, doch blieben alle Ansätze, die Elektromobilität wirklich wiederzubeleben, auch in der Folge eher halbherzig. Ob die nun allerorten drohenden Dieselfahrverbote am Ende dazu beitragen werden, Elektrofahrzeugen zu einer Renaissance zu verhelfen, wird die Zukunft zeigen.

Der vorliegende erste Bildband mit Fotos aus dem Archiv der Maschinenfabrik Esslingen soll einen Einblick geben, wie weit die Elektromobilität einst schon verbreitet war, wenngleich auch seinerzeit aus anderen Gründen als heute. Die Elektrofahrzeuge der Maschinenfabrik Esslingen, die in den 1920er-Jahren erstmals angeboten wurden, verdanken ihre Entstehung nämlich in erster Linie dem Mangel. Benzin und Diesel mussten damals für teure Devisen vom Deutschen Reich importiert werden, während für die Stromerzeugung die reichlich vorhandene heimische Kohle und auch die Wasserkraft genutzt werden konnten. Die Autarkiebestrebungen des Dritten Reiches und die allgegenwärtige Rohstoffknappheit während des Zweiten Weltkrieges sollten ein Übriges tun, um die Verbreitung von Elektrofahrzeugen weiter zu befördern.

Dass diese Geschichte heute dokumentiert werden kann, ist in erster Linie den Mitarbeitern des Wirtschaftsarchives Baden-Württemberg zu verdanken, die seit 2014 die Bestände der Maschinenfabrik Esslingen aufarbeiten, verzeichnen und damit der Forschung wieder zugänglich gemacht haben. Ein besonderer Dank gilt hierbei der Archivleiterin Frau Jutta Hanitsch und dem Bestandsbetreuer Herrn Christian Müller. Desweiteren möchte ich mich auch bei Herrn Uwe Lutz bedanken, der das Projekt tatkräftig und mit kritischen Anregungen unterstützt hat.

Es lässt sich leider nicht vermeiden, dass bei der Vielzahl der Modelle und einer bisweilen unklaren Quellenlage bzw. sich teils widersprechenden Angaben in den zur Verfügung stehenden Werkspublikationen der eine oder andere Fehler einschleicht. Von daher würde ich mich über eventuelle Korrekturen oder Ergänzungen aus der Leserschaft, die direkt an den Verlag gesandt werden können, sehr freuen.

Alexander Weber
Heilbronn, Mai 2018

Eis zur Kühlung!
GES. FÜR MARKT- UND KÜHLHALLEN
26 85 56
EISFABRIKEN
Maschinenfabrik Esslingen

Maschinenfabrik Esslingen

Ein kurzer Blick in die Firmengeschichte

Die Entstehung der Maschinenfabrik Esslingen ist eng mit dem Eisenbahnbau im damaligen Königreich Württemberg, aber vor allem auch mit der Person des Fabrikanten Emil Kessler verknüpft. Dieser erblickte am 20. August 1813 in Baden-Baden das Licht der Welt. Nach einem Studium des Bauingenieurwesens und Maschinenbaus am Polytechnikum Karlsruhe, dem heutigen KIT, übernimmt er 1836 zusammen mit seinem Geschäftspartner Theodor Martiesen die 1833 von Jakob Friedrich Messmer gegründete mechanische Werkstätte in Karlsruhe. Nur ein Jahr später gründen Kessler und Martiesen die Maschinenfabrik Emil Kessler & Theodor Martiesen und starten dort mit der Fertigung von Kleinmaschinen, Geräten und Eisenbahnzubehör. Hier entsteht Ende 1841 mit der Badenia auch die erste von Kessler entwickelte Dampflokomotive. Ab 1842 ist Emil Kessler Alleininhaber des Unternehmens, das nun als Maschinenfabrik von Emil Kessler firmiert.

Der Karlsruher Unternehmer Emil Kessler (1813-1867) gründet 1846 die Maschinenfabrik Esslingen.

Etwa zeitgleich nimmt auch der Eisenbahnbau im Königreich Württemberg an Fahrt auf. Das an Bodenschätzen arme Land will den Anschluss an die industrielle Revolution nicht verpassen und betreibt daher einen massiven Ausbau der Industrie. Gleichzeitig soll auch das Transportwesen modernisiert werden, weshalb 1840 eine Eisenbahnkommission eingerichtet wird. Diese übernimmt die Planung und den Bau des Streckennetzes und macht sich auch auf die Suche nach einem Betreiber für eine geplante landeseigene Schienenfahrzeugproduktion. Der Startschuss für den Aufbau des Streckennetzes fällt am 3. April 1843 durch König Wilhelm I. und bereits am 3. Oktober 1845 kann das erste Teilstück der Strecke Stuttgart–Ulm, nämlich die Verbindung Cannstatt–Untertürkheim, dem Verkehr übergeben werden. Am 20. November 1845 fahren die ersten Züge auf dem neuen Teilstück Untertürkheim–Esslingen. Das rollende Material, das die Königlich Württembergische Staatseisenbahn (KWStE) dabei einsetzt, stammt aber zunächst aus den USA. Allerdings hatte die Bahnverwaltung diese Fahrzeuge schon mit dem Hintergedanken angeschafft, dass sie als Vorlagen für Konstruktionen aus landeseigener Produktion dienen sollten.

Als Standort für das Werk bietet sich die Stadt Esslingen an der neuen Eisenbahnstrecke an, die damals gerade 12 500 Einwohner zählt. Der Gemeinderat, der sehr an der Industrieansiedlung interessiert ist, beschließt, der Staatsregierung ein entsprechendes Grundstück am Neckarufer zu überlassen. Am 4. Februar 1846 erhält schließlich der Karlsruher Fabrikant Emil Kessler den Zuschlag zum Aufbau und Betrieb des Unternehmens. Er muss dabei nicht nur die Werksanlagen aus eigener Tasche errichten, sondern auch das Stammkapital für die Maschinenfabrik Esslingen Aktiengesellschaft in Höhe von 300 000 Gulden, nach heutigem Geldwert rund 5 Millionen Euro, aufbringen, wobei ihm der Staat ein Darlehen in Höhe von 200 000 Gulden gewährt.

Kessler macht sich sofort an die Arbeit und innerhalb kürzester Zeit entstehen auf dem Gelände unterhalb der Pliensaubrücke und des Pliensauturmes die Fabrikhallen der Maschinenfabrik, die bereits am 15. März 1847 einen ersten Personenwagen an die KWStE ausliefern kann. Die erste Lokomotive, die auf den Namen Esslingen getauft wird, folgt am 8. Oktober 1847. In der Folge wird die Maschinenfabrik Esslingen zum bis auf wenige Ausnahmen einzigen Lieferanten der KWStE, wobei das Lieferprogramm in den nächsten Jahren kontinuierlich wächst. Neben den Eisenbahnfahrzeugen, die einen Großteil der Fertigung ausmachen, nimmt die Maschinenfabrik Esslingen auch die Produktion von Eisenbahntechnik wie Drehscheiben, Weichen, Kreuzungen, Signalanlagen und Stellwerken, aber auch Bahnhofseinrichtungen auf. Um aber vom Eisenbahnmarkt nicht gänzlich abhängig zu sein, steigt die Maschinenfabrik auch noch in die Herstellung von stationären Kesseln, Lokomobilen, Pumpen und Gießerei-Erzeugnissen ein. Zwischen 1851 und 1858 engagiert sich das Unternehmen auch im Schiffsbau und liefert Dampfschiffe für den Bodensee und Neckar. Ab 1852 nimmt die Maschinenfabrik schließlich noch den Bau von Stahlbrücken und Kränen auf. Auch dieser Geschäftszweig entwickelt sich sehr erfolgreich und wird in den nächsten Jahren kontinuierlich erweitert, so dass nun auch Schleusentore und Stahlgerippe für Hochbauten zum Angebot gehören.

Innerhalb kürzester Zeit ist es Emil Kessler und seinen Mitarbeitern somit gelungen, die Maschinenfabrik Esslingen zu einem der größten Maschinenbauunternehmen des Königreich Württembergs auszubauen. Da sein Karlsruher Unternehmen 1847 nach dem Konkurs seines kreditgebenden Bankhauses aufgelöst werden musste und auch seine Neugründung Aktiengesellschaft Maschinenfabrik Karlsruhe 1851 wieder liquidiert wurde, siedelt Emil Kessler 1852 mit seiner Familie komplett nach Esslingen über und kümmert sich nun voll um die Leitung der Maschi-

Der erste Standort des Werkes – hier auf einem Stich von 1870 verewigt – liegt unterhalb der Pliensaubrücke in Esslingen direkt an der neuen Bahnstrecke zwischen Stuttgart und Esslingen.

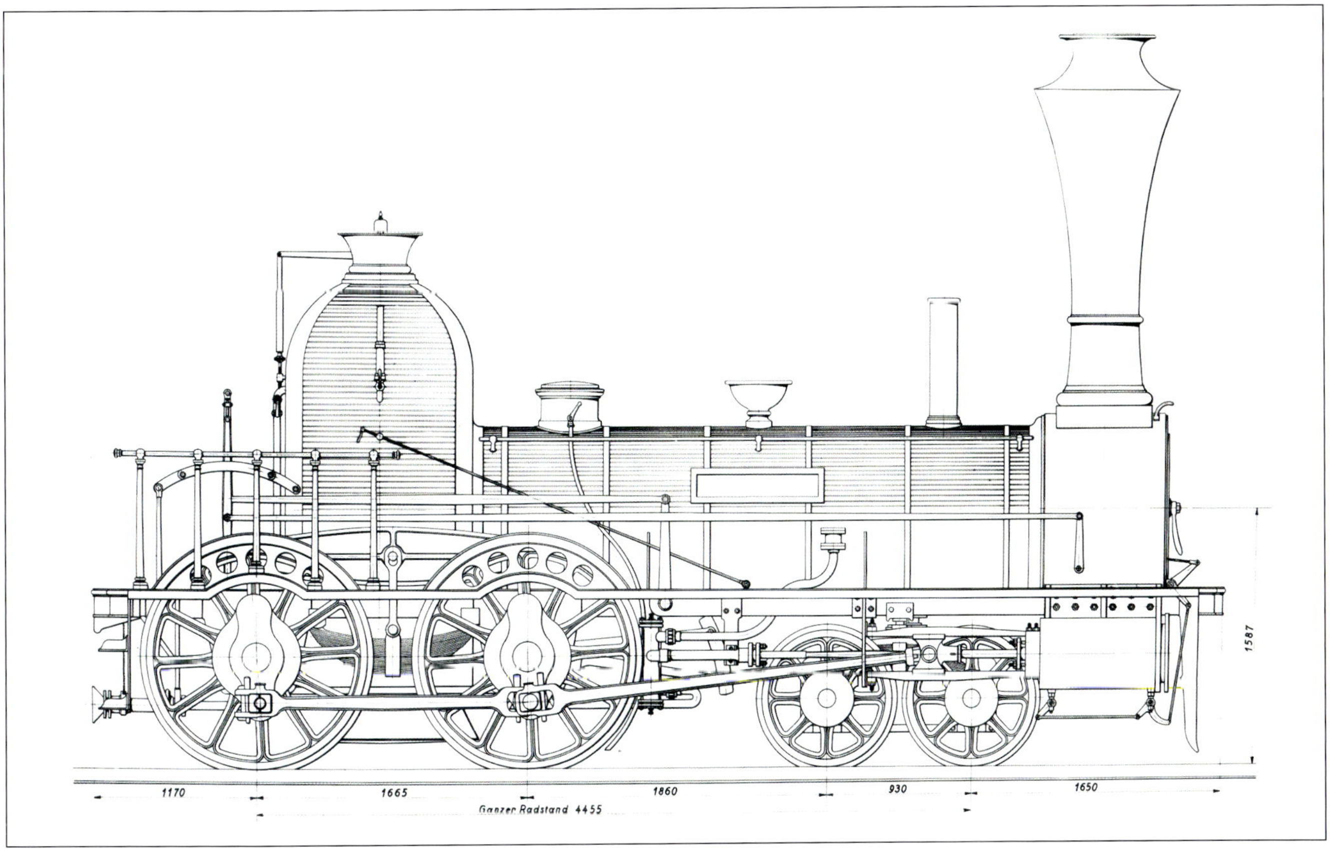

Am 8. Oktober 1847 verlässt die erste Lokomotive, von der wir hier die Maßzeichnung sehen, die Werkshallen. Sie erhält den Namen Esslingen.

Ferdinand Decker ist der Gründer der Maschinenfabrik Gebrüder Decker & Co in Cannstatt, die 1882 von der Maschinenfabrik Esslingen aufgekauft wird.

1902 kann die Maschinen- und Kesselfabrik G. Kuhn in Stuttgart-Berg übernommen werden. Ihr Gründer ist der Kommerzienrat Gotthilf Kuhn.

Mit Ludwig Kessler steht ab 1907 wieder ein Vertreter der Gründerfamilie an der Spitze des Unternehmens.

nenfabrik Esslingen. Er stirbt am 16. März 1867 an einem Herzschlag, worauf sein damals erst 26-jähriger gleichnamiger Sohn Emil Kessler die Firmenleitung übernimmt.

Unter seiner Ägide kann die Maschinenfabrik Esslingen 1870 ein Jubiläum feiern. Die 1000. Dampflokomotive rollt aus den Werkshallen und erhält zu Ehren des Firmengründers den Namen Kessler. Zudem treibt er den Wachstumskurs des Unternehmens voran und kauft 1882 die in finanzielle Schwierigkeiten geratene Maschinenfabrik Gebrüder Decker & Co in Cannstatt auf. Da die Werksanlagen in Esslingen mehr und mehr an ihre Grenzen geraten, verlagert er die eigene Gießerei dorthin. Auch der Brückenbau wird nun in Cannstatt konzentriert und mit dem der früheren Firma Decker zusammengelegt, während in Esslingen selbst der Lokomotiv- und Wagenbau sowie der Kesselbau verbleiben.

Nur zwei Jahre später unterstützt die Maschinenfabrik Esslingen die Gründung der Elektrotechnische Fabrik Cannstatt, die in Teilen der früheren Deckerschen Fabrik die Produktion von Glühlampen, Elektromotoren und Dynamos aufnimmt. 1885 scheidet Emil Kessler junior aus dem Unternehmen aus, das aber weiter auf Wachstumskurs ist. So gründet die Maschinenfabrik 1887 nicht nur ihre erste Auslandsniederlassung in Form der Costruzioni Meccaniche Saronno in Italien, sie übernimmt auch die Elektrotechnische Fabrik Cannstatt komplett und gliedert sie als Elektrotechnische Abteilung in den Konzern ein. Diese erweitert das Produktionsspektrum in den Folgejahren um Anlagen für Elektrizitätswerke und übernimmt auch den Bau und Betrieb dieser, wie erstmalig 1893 für die Stadt Esslingen. Weitere Elektrizitätswerke zum Beispiel für die Gemeinden Urach, Freudenstadt, Tuttlingen, Ravensburg oder Böblingen werden folgen.

Mit der Maschinen- und Kesselfabrik G. Kuhn aus Stuttgart-Berg kann 1902 ein weiterer Mitbewerber übernommen und damit das Produktionsspektrum im Kessel-, Dampfmaschinen- und Pumpenbau weiter vergrößert werden. Allerdings steht die Firmenleitung nun vor dem Problem, drei räumlich getrennte Produktionsstätten zu haben. Da auch das Stammwerk in Esslingen nicht weiter wachsen kann, machen sich die Verantwortlichen auf die Suche nach einem neuen Standort und leiten gleichzeitig eine Umstrukturierung ein. Bis 1904 legt die Maschinenfabrik Esslingen daher alle noch firmeneigenen Elektrizitätswerke zur Württembergischen Gesellschaft für Elektrizitätswerke AG zusammen und verkauft sie in der Folge an die jeweiligen Städte und Gemeinden.

Maßgeblichen Einfluss auf diese Neuausrichtung hat seit 1907 wieder ein Vertreter der Familie Kessler. Ludwig Kessler, der jüngste Sohn des Firmengründers, übernimmt nämlich die Leitung des Unternehmens. Er kann schließlich auch 1908 mit der Stadt Esslingen einen Vertrag über den Erwerb eines Grundstücks im Ortsteil Mettingen abschließen, wo nur ein Jahr später der Bau der komplett neuen Fabrikanlagen beginnt. Nach und nach siedeln ab 1909 alle Abteilungen in den Neubau um, der 1913 schließlich noch um eine neue Gießerei mit Modellwerkstatt erweitert wird. Einzig die Elektrotechnische Abteilung verbleibt an ihrem alten Standort Cannstatt.

Aus dem Eisenbahnfahrzeughersteller, als der die Maschinenfabrik Esslingen 1846 einmal gestartet war, ist so mittlerweile ein Industriekonzern mit breitem Fertigungsspektrum geworden. Die Schienenfahrzeuge und entsprechendes Zubehör sowie Brücken machen zwar immer noch den Großteil des Umsatzes aus, doch auch in anderen Sektoren wie dem Kessel- und Pumpenbau, der Fertigung von Kompressoren, Kälteanlagen, Kohlesäure- und

Da der alte Werksstandort mittlerweile zu eng geworden ist, entsteht 1908 in Mettingen eine komplett neue Fabrikanlage, in die bis 1913 nach und nach alle Abteilungen übersiedeln.

Nur die Elektrotechnische Abteilung verbleibt an ihrem alten Standort auf dem Werksgelände der ehemaligen Deckerschen Fabrik in Cannstatt.

Eisenbahnen sind zwar das Hauptprodukt der Maschinenfabrik, doch ist man auch im Stahlhoch- und Brückenbau erfolgreich tätig. Hier eine Katalogabbildung der Eisenbahnbrücke über die Mosel bei Diedenhofen, die 1877 fertig gestellt wurde.

Die wohl bekannteste Lokomotive aus der Fertigung der Maschinenfabrik Esslingen ist die Württembergische C – oder schöne Württembergerin. Das abgebildete Exemplar ist die 4000. Lokomotive, die in Esslingen entstanden ist.

An die Brauerei Hackerbräu in München liefert die Maschinenfabrik Esslingen in den 1920er-Jahren diesen Kühlwagen mit Bremserhaus.

Bereits 1878 entsteht dieser vierachsige Salonwagen für die Uralbergwerksbahn in Russland.

Trockeneiserzeugern, bei Gießereiprodukten oder dem Stahlbau hat sich die Maschinenfabrik Esslingen einen Namen erarbeitet und nicht nur im Deutschen Reich, sondern auch im Ausland einen festen Kundenstamm erworben. Durch den Ausbruch des Ersten Weltkrieges bricht vor allem das Exportgeschäft vollkommen ein. Zudem wird auch die Maschinenfabrik Esslingen mit zunehmender Dauer des Konfliktes immer stärker in die Kriegswirtschaft eingebunden. Granaten, Minenwerfer und Kanonenrohre gehören nun ebenso zum Produktionsspektrum wie Proviantwagen und Geschützprotze für die Armee.

Als 1918 die Waffen schweigen, stehen die Esslinger wie viele andere Industrieunternehmen vor einer schwierigen Phase der Rekonversion. Doch neue zivile Aufträge kommen nur spärlich und die früher guten Kontakte ins Ausland lassen sich nur schleppend wieder reaktivieren. Daneben muss sich die Maschinenfabrik Esslingen auch noch von ihrer italienischen Filiale trennen, die der Industrielle Nicola Romeo aufkauft und später zur CEMSA (Costruzioni Elettro Meccaniche di Saronno) umwandelt. Da das Unternehmen zunehmend in eine Schieflage gerät, schließt sich die Maschinenfabrik Esslingen 1920 dem Gutehoffnungshütte Konzern (GHH) an. Unter seinem Dach gelingt es, an frühere Erfolge anzuknüpfen und mit dem Beginn der Elektrofahrzeugproduktion 1923 auch noch neue Geschäftsfelder zu erschließen. Da auch die MAN zur GHH-Gruppe gehört, erfolgt 1926 die Verlagerung des kompletten Dampfkesselbaus der MAN zur Maschinenfabrik Esslingen. Nur ein Jahr später übernimmt die Maschinenfabrik auch noch die Eismaschinenfertigung der Firma Riedinger aus Augsburg, wo-

In der Kesselschmiede ist gerade ein Stehkessel für eine Dampflokomotive in Bearbeitung.

Anfang der 1920er-Jahre befinden sich im Lokomotivbau einige Dampflokmotiven für die Lieferung nach Russland im Rohbau.

Hier sehen wir Kessel für Dampflokomotiven der Baureihe G 12 für die Deutsche Reichsbahn.

Die Belegschaft hat sich zum Erinnerungsfoto zur Fertigstellung einer T 5 für die Königlich Württembergische Staatsbahn versammelt.

In der Abteilung Brückenbau befinden sich einige Fachwerkträgerelemente in der Fertigung.

Blick in die Elektrogeneratorenfertigung der Elektrotechnischen Abteilung in Cannstatt. 1928 übernimmt die AEG das Cannstätter Werk.

Serienfertigung von Elektrolastwagen des Typs EW 1522 in der Abteilung Fahrzeugbau im Werk Mettingen.

Auch Straßenwalzen gehören zum umfangreichen Programm der Maschinenfabrik Esslingen. Hier sehen wir ein Exemplar mit Dieselmotor und im Hintergrund ein älteres dampfbetriebenes Modell.

Links: Ende der 1920er-Jahre hatte die Maschinenfabrik mit dem Wohnhaus in Stahlbauweise System Urban ein frühes Halbfertighaus im Angebot. Rechts: Heute eine Selbstverständlichkeit in jedem Haushalt war ein Kühlschrank Ende der 1920er-Jahre noch ein Luxus, den sich nur wenige leisten konnten. Im Programm der Maschinenfabrik Esslingen findet sich 1929 dieses Modell.

Oben: Aus dem Jahr 1927 stammt die Eisenbahnbrücke bei Hedelfingen, die der Brückenbau der Maschinenfabrik geliefert hat.

Mitte: Der Zeppelinbau gegenüber dem Hauptbahnhof in Stuttgart nimmt 1930 langsam Gestalt an. Das Stahlskelett für das Gebäude stammt von der Maschinenfabrik Esslingen.

Unten: Auch für den Hindenburgbau, der sich ebenfalls gegenüber des Stuttgarter Hauptbahnhofs befindet, kommt das Stahlskelett aus Esslingen. Hier sehen wir das fertige Gebäude im Jahr 1930.

Der wichtigste Kunde für Straßenbahnen waren die Stuttgarter Verkehrsbetriebe SSB, für die hier eine ganze Serie von Beiwagen der Fertigstellung entgegengeht.

Kompressoren und Pumpen wie diese Kreiselpumpe 2 x 2 Ho 5 mit Turbinenantrieb für die Ruhrchemie gehören ebenfalls zum Fertigungsprogramm.

Die eigenen Elektrokarren kommen natürlich auch im werksinternen Dienst zum Einsatz, wie dieser K 1512, der in der Abteilung Waggonbau Holz transportiert.

durch eine enge Partnerschaft mit Riedinger aber auch Linde entsteht. Die Elektrotechnische Abteilung und die entsprechende Produktion muss die Maschinenfabrik Esslingen dagegen aufgeben und verkauft diese 1928 an die Berliner AEG.

Nach und nach kommt das Unternehmen so auf die Erfolgspur zurück und kann nach der Machtübernahme der Nationalsozialisten 1933 auch vom wirtschaftlichen Aufschwung jener Jahre profitieren. Der Ausbruch des Zweiten Weltkrieges setzt dieser Entwicklung aber ein jähes Ende, ist die Maschinenfabrik doch nun wieder von vielen der wichtigen Exportmärkte abgeschnitten und hat daneben auch mit der im Verlaufe des Krieges immer stärkeren Materialbewirtschaftung und Einbindung in die Kriegswirtschaft zu kämpfen. Dafür bleibt das Werk, von leichten Zerstörungen bei einem alliierten Luftangriff 1944 abgesehen, aber von größeren Schäden weitgehend verschont, so dass die Fertigung unmittelbar nach Kriegsende unter alliierter Kontrolle wieder aufgenommen werden kann.

Es gelingt den Esslingern dabei zunächst schnell, wieder an ihre Erfolge aus der Vorkriegszeit anzuknüpfen, doch zeigen sich mehr und mehr strukturelle Probleme. Zudem entpuppt sich das breite Fertigungsprogramm, das sich sehr stark an Kundenwünschen orientiert und wenig auf eine kostengünstige Großserienproduktion ausgerichtet ist, nun als Achillesverse des Unternehmens. 1956 muss daher die Fertigung von Elektrolastwagen und -lieferwagen aufgegeben werden. Da die Finanzlage weiter angespannt bleibt, nimmt die GHH 1964 mit der Daimler-Benz AG erste Verhandlungen zum Verkauf der Maschinenfabrik Esslingen auf. Dies führt 1965 zur Übernahme von 71 Prozent der Aktien der Maschinenfabrik durch die Daimler-Benz AG, die in der Folge das vollständige Aktienpaket von der GHH übernehmen wird. Gleichzeitig wird ein radikaler Restrukturierungs- und Sanierungsprozess eingeleitet, der zur Abwicklung und zum Verkauf der einzelnen Abteilungen führt. Am 21. Oktober 1966 rollt so die letzte Dampflokomotive aus den Werkshallen. Bis 1968 sind außer dem Maschinen- und Fahrzeugbau sowie der Gießerei alle anderen Abteilungen aufgelöst. Den Maschinenbau verkauft Daimler-Benz 1968 schließlich an die GHH, während die Hamburger Still AG den Fahrzeugbau übernimmt. Die Gießerei wird in die Daimler-Benz AG eingegliedert, die die Werksanlagen in Mettingen 1969 von der Maschinenfabrik Esslingen pachtet. Diese existiert noch bis 2003 als Grundstücks- und Verpachtungsgesellschaft im Besitz der Daimler-Benz AG weiter.

Dr. Ludwig Kessler leitet als Betriebsführer die Maschinenfabrik während des Krieges.

Eine Dampflokomotive der Baureihe 64 der Deutschen Reichsbahn präsentiert sich auf dem Werkshof in Mettingen im grauen Fotolack dem Fotografen.

Der legendäre Esslinger Triebwagen gehört sicherlich zu den bekanntesten Nachkriegsprodukten der Maschinenfabrik.

Für den Export nach Südamerika bestimmt ist diese Schmalspurdiesellokomotive, die sich gerade auf Testfahrt befindet.

Der Schwerlaststapler DES 15 ist eine gewaltige Erscheinung. Hier sehen wir ein Exemplar im Einsatz in einem Walzwerk.

Der Elektrofahrzeugbau der Maschinenfabrik Esslingen

Der Elektrofahrzeugbau der Maschinenfabrik Esslingen nimmt seinen Anfang im Jahr 1923, auch wenn erste Überlegungen dazu schon 1921 gereift sind. In den Not- und Krisenjahren nach Ende des Ersten Weltkrieges suchen nämlich auch die bisher erfolgsverwöhnten Schwaben nach neuen Absatzfeldern. Hierbei richtet die Geschäftsleitung ihren Blick zunächst auf innerbetriebliche Transportfahrten, später auch auf Verteilerfahrten in den Städten. Da gerade bei solchen Fahrten, die selten mehr als 50 km Fahrleistung am Tag erfordern, klassische Nutzfahrzeuge aufgrund ihres hohen Kraftstoffverbrauchs unwirtschaftlich sind und Treibstoff zudem vom Deutschen Reich für teure Devisen importiert werden muss, kommt die Idee auf, ein Programm elektrisch betriebener Transportfahrzeuge zu entwickeln, wofür eine Unterabteilung im Waggonbau geschaffen wird.

Die Vorteile liegen dabei klar auf der Hand und werden von der Maschinenfabrik Esslingen später auch in diversen Werbeschriften deutlich hervorgehoben. Das wohl wichtigste Argument, das hierbei angeführt wird, ist die Tatsache, dass elektrischer Strom mit heimischen Rohstoffen produziert werden und vor allem in den Nachtstunden günstig zum Aufladen der Elektrofahrzeuge genutzt werden kann. Da diese nur einen geringen Energieverbrauch haben, amortisieren sie sich trotz ihres deutlich höheren Anschaffungspreises recht schnell, zumal sie mit 20 bis 25 Betriebsjahren auch eine längere Lebensdauer als ein Fahrzeug mit Verbrennungsmotor aufweisen.

Ein weiterer Vorteil der Elektrotraktion ist der bessere Wirkungsgrad eines Elektromotors bei der Umwandlung elektrischen Stroms in Bewegung. Daneben erfolgt die Geschwindigkeitsregulierung bei einem Elektrofahrzeug nahezu verlustfrei. Dies wird nicht zuletzt auch dadurch erreicht, dass ein Elektroantrieb sehr viel einfacher konstruiert ist und mit weniger Teilen auskommt als der Antriebsstrang eines Fahrzeugs mit Verbrennungsmotor. Somit kann der Verschleiß minimiert werden, was Wartungs- und Reparaturkosten senkt und die Betriebsbereitschaft erhöht. Letztere ist auch bei extremen Temperaturen stets garantiert, während gerade strenger Frost viele Fahrzeuge mit Verbrennungsmotor in jenen Jahren immer wieder schachmatt setzt.

Das Fahrzeugprogramm, das die Maschinenfabrik Esslingen 1923 ihrer Kundschaft vorstellt, präsentiert sich in der Grundkonstruktion robust und für den harten Alltagseinsatz konzipiert. Der Antrieb besteht aus einem oder zwei Elektromotoren, die die Hinterachse antreiben. Die Technik ist dabei bewusst einfach gehalten, so dass auch eine ungelernte Hilfskraft nach kurzer Einweisung die Fahrzeuge sicher steuern und bedienen kann.

Was für Fahrzeuge mit Verbrennungsmotor die Tankstelle ist, ist für Elektrofahrzeuge die Ladestation. Von links nach rechts füllen hier gerade zwei Führersitzkarren des Typs FK 1502 und drei Führerstandkarren vom Modell K 1502 ihre Batterien wieder auf.

Die Maschinenfabrik Esslingen bewirbt ihre Elektrofahrzeuge intensiv. In den 1920er-Jahren ist die Gestaltung der Werbeblätter und Broschüren noch sehr schlicht gehalten, wie hier für den Führersitzkarren FK 1502 (links) oder den Führerstandkarren K 1502 (rechts).

Die Produktion startet 1923 zunächst mit den so genannten Führerstandkarren. Es handelt sich um einfache Transportfahrzeuge mit einer Plattform, die, wie der Name schon vermuten lässt, stehend vom Fahrer manövriert werden müssen. In erster Linie für den firmeninternen Transportverkehr konzipiert, ist es aber auch möglich, sie mit einer Straßenzulassung für kurze Lieferfahrten einzusetzen. Mit einer Höchstgeschwindigkeit von unter 20 km/h können sie dabei auch von Personen, die nur einen Führerschein der Klasse 4 haben, gefahren werden.

Der Verkauf des neuen Produktes entwickelt sich für die Maschinenfabrik Esslingen mehr als positiv, so dass die Firmenleitung einen raschen Ausbau des Programms vorantreibt. Speziell für den innerstädtischen Lieferverkehr entsteht als Weiterentwicklung des Führerstandkarren der Führersitzkarren, bei dem eine Art kleines Fahrerhaus mit Sitzbank und richtigem Lenkrad vor die Plattform gesetzt wird. Ein kleiner Lieferwagen ist geboren. Da auch dieses Modell sich gut verkauft, entwickeln ihn die Esslinger zum vollwertigen Elektrolastwagen in Frontlenkerbauweise weiter und auch Elektroschlepper, zunächst für innerbetriebliche Verschubfahrten, ergänzen nun das Angebot.

In der Folge vergrößert die Maschinenfabrik Esslingen ihr Fahrzeugprogramm um Varianten der Grundmodelle immer weiter. Auch wächst die Anzahl möglicher Spezial- und Sonderaufbauten, wobei hier Unternehmen wie Streicher in Cannstatt für Kommunalaufbauten oder Magirus in Ulm für Drehleitern als Partner gewonnen werden können. Daneben ist der Hersteller immer bemüht, seine Produkte weiter zu vervollkommnen, weshalb Kritik und Verbesserungsvorschläge der Kundschaft stets dankbar aufgenommen werden und soweit möglich auch in die Serienproduktion einfließen.

Neben den leichten Elektrolastwagen in Frontlenkerbauweise arbeiten die Esslinger auch an einem schwereren Modell mit bis zu fünf Tonnen Nutzlast, das sie noch 1926 vorstellen. Es bewährt sich aber nicht,

Deutlich mehr Gestaltungspielraum hatten die Werbegrafiker in den 1930er-Jahren, wobei die Fabrikkulisse am unteren Rand und der blaue Firmenschriftzug sowohl für den Elektrolastenwagen EW 2002 (links), den Führerstandkarren K 2512 (Mitte) und den Schlepper S 202 herhalten muss. Heutzutage würde man von einer einheitlichen Corporate Identity sprechen.

Dieser Blick in die Fertigung der Führerstandkarren ist etwa 1933 entstanden. Fahrgestelle des Typs K 2001 warten auf ihre Fertigstellung. Im Hintergrund sind zwei leichte Elektrolastwagen zu erkennen.

Hier sehen wir diverse Führerstandkarren bei der Endabnahme nach dem Lackieren. Im Vordergrund sind zwei K 3001 mit Vollgummibereifung zu erkennen. Rechts wartet dagegen ein Elektrolastwagen des Typs EL 1501 auf die Ablieferung, während am oberen Bildrand zwei EL 1501 mit Paketwagenaufbau für die Deutsche Reichspost den letzten Feinschliff erfahren.

Oben: Parade der Führerstandkarren: Von links nach rechts sind der K 3001, der K 2001 und der K 1001 zu sehen.

Mitte: Die Maschinenfabrik Esslingen setzt ihre eigenen Führerstandkarren natürlich auch im werksinternen Dienst ein. Hierfür entsteht Ende der 1930er-Jahre eine eigene Wagenhalle mit Ladestation.

Unten: Es ist leider nicht überliefert, auf welcher Ausstellung die Maschinenfabrik Esslingen diesen Messestand hatte. Da in der Mitte der Dreiachser EL 5001/3 zu sehen ist, muss die Aufnahme aber 1937 entstanden sein. Ganz rechts steht das leichteste Modell EL 1001 v, links im Vordergrund dagegen der Dreitonner EL 3001.

(Nachlass Braitmaier – Wirtschaftsarchiv Baden-Württemberg)

Links und Mitte: Im typischen Design der 1950er-Jahre präsentiert sich das Cover dieser Werbeschrift für den Kleinschlepper S 101 f Teddy, welcher auch auf der Werbegrafik in der Mitte als Motiv zum Einsatz kommt. Rechts: Die Maschinenfabrik Esslingen wird nicht müde, die Vorteile der Elektrotraktion zu propagieren. Doch zählen vor allem die Elektrolastwagen in den 1950er-Jahren zu den Auslaufmodellen.

so dass die Techniker das Projekt komplett überarbeiten. 1928 können sie dann den ersten Vertreter einer neuen Serie von Elektrolastwagen in Kurzhauberbauweise mit den bewährten Konstruktionsprinzipien vorstellen. Doch führen neue gesetzliche Regelungen, die für Straßenfahrzeuge zwingend eine Luftbereifung vorschreiben, dazu, dass die Lastwagen abermals überarbeitet werden müssen und zudem die Verkaufszahlen aller Elektrofahrzeuge einbrechen. Erst im Folgejahr sind die neuen luftbereiften Typen und auch ein von den neuen Lastwagen abgeleiteter Straßenschlepper serienreif, doch bleiben die Verkäufe auf niedrigem Niveau, so dass der Fahrzeugbau in die roten Zahlen rutscht und die freien Kapazitäten vom Waggonbau mit genutzt werden.

Erst mit der Machtübernahme der Nationalsozialisten 1933 kommt die Wende und gerade der Fahrzeugbau nimmt nun eine rasante Entwicklung. Einerseits fördern die neuen Machthaber die Motorisierung, andererseits passen die Elektrofahrzeuge optimal zu den Autarkiebestrebungen der Regierung, die das Land von ausländischen Rohstoffimporten weitgehend unabhängig machen will. Da sich zudem auch die Technik im Fahrzeugbau rasant weiterentwickelt hat, verwundert es kaum, dass die Maschinenfabrik Esslingen ihr Fahrzeugprogramm bis 1934 komplett runderneuert. Die Rahmen aller Elektrokarren und -lastwagen sind nun geschweißt, was gegenüber der bisher genie

Links: Die britische Rheinarmee ordert eine Serie von 30 Elektrolastwagen des Typs EL 2501, die wir hier in der Endmontage sehen.
Rechts: Der Großauftrag für die britische Rheinarmee taugt natürlich auch als Motiv für einen Werbeprospekt zu den Elektro-Straßenfahrzeugen.

Zwei Arten von Elektrokarren auf einem Foto vereint: Links der klassische Fahrerstandkarren EK 2002, rechts dagegen der Niederhubkarren NHK 3002.

teten Bauweise eine deutliche Gewichtsersparnis und somit einen Zugewinn an Nutzlast bringt. Auch der Antriebstrang der Fahrzeuge präsentiert sich komplett überarbeitet. Alle sind nun mit einem einzigen, federnd am Rahmen aufgehängten Hauptstrommotor ausgerüstet, der je nach Gewichts- und Fahrzeugklasse entsprechend dimensioniert ist. Zudem präsentieren sich die Kabinen der Elektrolastwagen in deutlich gefälligerem Design. Aus dem Verlustbringer ist nun ein zentrales Standbein des Konzerns geworden, das reichlich Gewinne in die Kassen spült.

Daneben arbeiten die Entwickler bereits an einem neuen Fahrzeugtyp. Speziell für schwere Lasten, die nicht unnötig hoch vom Boden hochgehoben werden müssen, kommen 1933 die Elektroniederhubkarren ins Programm. Mit ihnen können Güter auf einem abgekröpften Ladegestell transportiert werden. Für Kunden, die die Güter auch noch stapeln wollen, ist dagegen der Elektrohochhubkarren gedacht, bei dem das Ladegestell bis auf zwei Meter Höhe angehoben werden kann. Wie bei der Maschinenfabrik Esslingen üblich, sind neben den Standardmodellen auch wieder alle möglichen Sonderwünsche realisierbar. So gibt es die Hubkarren auch mit Fahrersitz und von den Hochhubkarren Versionen mit Gabeln oder Dornen für spezielle Einsatzzwecke.

1939 wird die Abteilung F, wie die firmeninterne Bezeichnung des Fahrzeugbaus lautet, zur eigenständigen Abteilung, die rund 400 Fahrzeuge pro Jahr absetzt und damit einen Marktanteil von 30 Prozent bei den im Deutschen Reich verkauften Elektrofahrzeugen besitzt. Auch der Ausbruch des Zweiten Weltkrieges beeinflusst diese Erfolgsgeschichte kaum. So muss zwar auch die Maschinenfabrik Esslingen ihre Fertigung auf kriegswichtige Güter umstellen, doch kann der Fahrzeugbau weitergeführt werden. Es gelingt sogar noch, trotz des allgegenwärtigen Materialmangels, die Fertigung zu steigern, so dass 1943 über 600 Fahrzeuge an die Kunden ausgeliefert werden. Erst 1944 muss die Produktion dann kriegsbedingt eingestellt

In der Auslieferungshalle warten Anfang der 1950er-Jahren verschiedene Fahrerstandkarren auf die Abholung durch die Kundschaft. Rechts ist ein Fahrersitzkarren FK 1500, den die Maschinenfabrik als Elektrolieferwagen vermarktet, zu sehen.

Der Vergleich mit dem Kleinschlepper S 101 f Teddy macht deutlich, wie gewaltig die schweren Fahrersitz-Hochhubkarren sind. Von links nach rechts haben sich der FHK 7,5, der FHK 15 und der FHK 10, alle in der Ausführung als Dornhubwagen, für den Fotografen aufgestellt.

Zweimal das Modell 2002 mit Tankaufbau. Links als Fahrersitzkarren EK 2002 f, rechts als Fahrerstandkarren EK 2002 s mit Schutzbügel für den Fahrer.

Anfang der 1950er-Jahre präsentiert die Maschinenfabrik Esslingen ihr gesamtes Programm an Fahrerstandkarren, Fahrersitzkarren und Elektrolastwagen.

werden. Da der Fahrzeugbau den Krieg aber nahezu unbeschadet überstanden hat, kann die Herstellung nach 1945 unter alliierter Kontrolle schnell wieder hochgefahren werden.

Zunächst sind nur die unveränderten Vorkriegsbaureihen erhältlich, doch arbeiten die Entwickler hinter den Kulissen längst an einer Überarbeitung des Programms. Nach der Währungsreform 1948 ersetzen dann nach und nach neue Baureihen die Vorkriegsmodelle, wobei sie sich von diesen oft nur in Details unterscheiden. 1951 halten schließlich neue, modern gestaltete Frontlenkertypen bei den Elektrolastwagen und -lieferwagen Einzug ins Programm und auch der erste Elektrogabelstapler der Maschinenfabrik Esslingen feiert seine Premiere. Während letzterer sich sehr gut verkauft und zusammen mit weiteren gleislosen Flurfördermitteln dazu beiträgt, dass die Maschinenfabrik zu einem der führenden Hersteller in diesem Sektor aufsteigt, verkaufen sich die Elektrolastwagen und -lieferwagen nur noch schleppend. Ihre geringe Höchstgeschwindigkeit macht sie im stetig wachsenden Straßenverkehr der 1950er-Jahre mehr und mehr zu einem Verkehrshindernis.

Der Kleinschlepper S 101 f Teddy ist ein beliebtes Werbemotiv. Hier ziert er das Cover für den Werbeprospekt zu den Elektroschleppern.

Drei Fahrerstandkarren des Typs EK 2002 zieren dagegen das Cover des Prospektes für die Fahrerstand- und Fahrersitzkarren.

Auch die Niederhub- und Hochhubkarren werden in einer eigenen Werbeschrift vorgestellt.

Alt und Neu nebeneinander: Links ein Führerstandkarren K 1502 von 1924, rechts ein Fahrersitzkarren EK 2002 f des Baujahres 1959.

Die Firmenleitung zieht daher die Konsequenzen und lässt die Fertigung von Elektrolastwagen und -lieferwagen 1956 auslaufen. Fortan konzentriert sich der Fahrzeugbau der Maschinenfabrik Esslingen nur noch auf die Elektrokarren in ihren verschiedenen Varianten, Stapler und Flurförderfahrzeuge, wobei schrittweise auch Baureihen mit Diesel- und Benzinmotoren Einzug ins Programm halten. Dieses präsentiert sich so zwar breit gefächert, aber die Vielzahl an Modellen und Varianten, mit denen man jedem Kundenwunsch gerecht zu werden versucht, führt oft zu niedrigen und damit wenig gewinnbringenden Produktionszahlen. In der Folge reduziert sich das Angebot daher immer weiter auf wenige Kernbaureihen, mit denen der Fahrzeugbau bis 1968 weitergeführt wird. In diesem Jahr geht die Maschinenfabrik Esslingen endgültig in der damaligen Daimler-Benz AG auf und die Abteilung Fahrzeugbau wird an die Hamburger Still GmbH verkauft.

Drei EL 2500 mit Paketwagenaufbau von Vetter warten auf die Ablieferung. Zum Größenvergleich hat der Fotograf neben sie den Kleinschlepper S 101 f Teddy platziert.

Führerstandkarren

Die Fertigung der Führerstandkarren startet 1923 mit dem Modell K 1502 mit einer Nutzlast von 1500 kg. 1925 folgt der K 751 mit einer Nutzlast von 750 kg und 1926 schließlich der K 2502 mit 2500 kg Nutzlast. Das Fahrgestell aller Modelle besteht aus einem stabilen, genieteten Stahlrahmen, der in der Basisversion mit einer einfachen Plattform versehen ist. Im Laufe der Zeit bietet die Maschinenfabrik Esslingen aber zahlreiche Sonderaufbauten für alle möglichen Arten von Transportaufgaben an. Der Antrieb erfolgt beim K 751 durch einen, beim K 1502 und K 2502 durch zwei Elektromotoren, die direkt und ohne Differential auf die Triebräder der Hinterachse wirken. Den Strom beziehen die Motoren aus Batterien, die als Großoberflächenbatterien oder auf Wunsch auch als Gitterplattenbatterien mit 40 Zellen ausgeführt und zwischen den Achsen im Rahmen untergebracht sind. Je Fahrtrichtung stehen beim K 751 zwei, bei den schweren Schwestermodellen drei Fahrstufen zur Verfügung, die über einen Fahrschalter mit Kulissenführung an der Stirnwand der Elektrokarren eingestellt werden können. Die Umschaltung erfolgt dabei ohne elektrische Widerstände. Als Bremse dient eine Innenbackenbremse, die durch einen Fußhebel am Fahrerplatz angesteuert und per Seilzug bzw. Gestänge betrieben wird. Eine Kurzschlussbremse als Notbremse sowie eine Feststellbremse sind ebenfalls vorhanden. Die Lenkung erfolgt schließlich über einen Lenkhebel, dessen Bewegungen über ein Gestänge auf die Achsschenkel der Vorderräder übertragen wird. Die Räder an sich sind mit Rollenlagern versehen und vollgummibereift, so dass die Blattfedern an den Achsen den einzigen Federungskomfort darstellen.

1927 ergänzt der K 1512 mit leicht vergrößerter Ladefläche das Angebot, welches sich zwei Jahre darauf um den K 2512, der für Nutzlasten bis 2500 kg, mit hinterer Doppelbereifung bis maximal 3000 kg, aus-

Mit dem K 1502 startet 1923 die Fertigung von Elektrofahrzeugen bei der Maschinenfabrik Esslingen. Das hier abgebildete Exemplar, das den kleinen Wendekreis der Führerstandkarren zeigen soll, entspricht allerdings in einigen Details noch nicht der späteren Serienausführung.

Auch das gab es. Die Feuerwehr Ravensburg nutzt einen K 1502 als Mannschaftswagen und Zugfahrzeug für ihren Schlauchwagen.

Der Mühlenbetrieb Anton Zorell setzt seinen K 1502 dagegen als Sattelschlepper für einen umgebauten Pferdekarren ein. Eine Konstruktion, die heute der Straßenverkehrsordnung sicherlich nicht mehr entsprechen würde und auch schon in den 1920er-Jahren wenig vertrauenserweckend aussah.

Dieser K 1502 ist mit einer Kippmulde versehen.

gelegt ist, und den K 1522, dem ersten Modell mit Luftbereifung, abermals erweitert. Nur zwei Jahre darauf entwickelt die Maschinenfabrik mit dem K 2001 für Nutzlasten bis 2000 kg das erste Modell der neuen Generation, die ab 1933 schrittweise auf den Markt kommt. Der Rahmen ist nun komplett geschweißt und deutlich weniger massiv gestaltet wie bei den bisher gebauten Führerstandkarren. Sind die Batterien nach wie vor zwischen den Achsen unter dem Rahmen untergebracht, so hat sich der Antriebsstrang doch deutlich gewandelt. Es gibt nur noch einen Hauptstrommotor, der nun an der Hinterachse mittig angeordnet und in vier Schraubenfedern schwebend am Rahmen aufgehängt ist. Er überträgt seine Kraft mittels eines gekapselten Fahrgetriebes auf die Hinterachse. Dieses Fahrgetriebe besteht aus einem auf Rollenlagern gelagerten Zahnradgetriebe, das seinerseits ein spiralverzahntes Kegelräder- und ein schrägverzahntes Stirnräderpaar bilden. Optional kann ein Zusatzgetriebe für große Steigungen eingebaut werden. Der Fahrschalter ist jetzt als Segment-Walzenschalter ausgeführt. Brems-

Ein weiteres Beispiel für die vielen möglichen Aufbauten ist dieser Gitteraufbau für den Pakettransport auf einem K 1502, der auch noch mit einem passenden Anhänger kombiniert ist.

Im Langholztransport war der K 1502 wohl eher selten zu finden, aber ebenfalls einsetzbar, wie diese Werbeaufnahme zeigt.

Links: Voll straßentauglich präsentiert sich der hier abgebildete K 1502 mit Pritsche-Plane-Aufbau, der Rahma-Margarine transportiert. Neben Scheinwerfern ist er auch mit einem Signalhorn versehen. Rechts: Eine schmale Pritsche mit Zeltplane besitzt dieser K 1502 der Deutschen Reichsbahn.

Links: Ein K 1502 in Straßenversion mit breitem Pritschenaufbau. Rechts: Die Geschäftsbücher-Fabrik Seeger hat ihren K 1502 mit einem Kastenaufbau ausrüsten lassen.

1927 kommen mehrere K 1502, deren Plattformen mit überdachten Sitzbänken ausgestattet sind, als Besucherbahn auf der Leipziger Messe zum Einsatz.

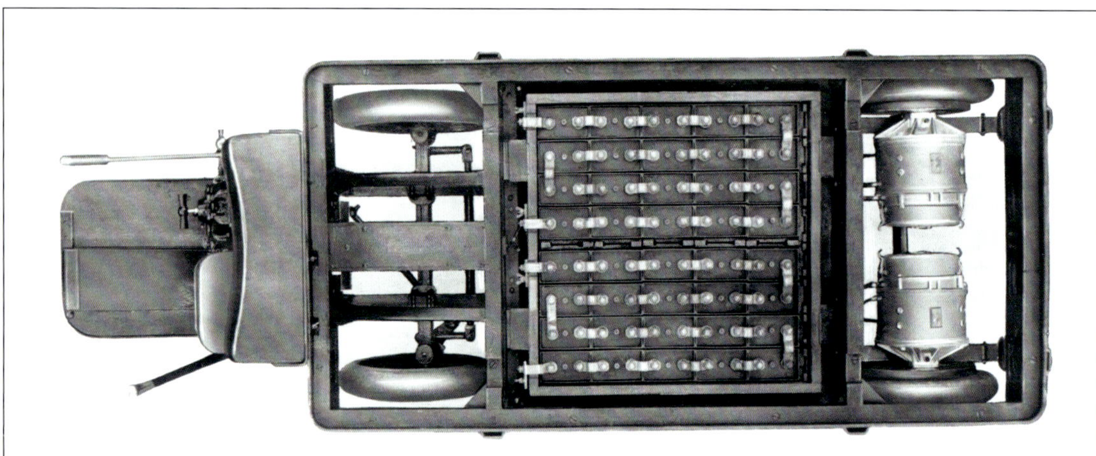

Die abgenommene Plattform gibt den Blick auf die zwischen den Achsen platzierten Batterien und die beiden Antriebsmotoren an der Hinterachse des K 1502 frei.

Links: Im Kommunaldienst ist der hier abgebildete K 1502 mit kippbarem Müllkastenaufbau im Einsatz. Es handelt sich um ein Fahrzeug mit dem überarbeiteten Fahrerstand der zweiten Bauserie. Rechts: Ein K 1502 der zweiten Bauserie mit kippbarer Pritsche.

Oben: Der geöffnete Schaltkasten dieses K 1502 gibt den Blick auf den kulissengeführten Fahrschalter frei.

Mitte und unten: Schon bald nach Markteinführung der Elektrokarren kam der Wunsch nach Hubvorrichtungen auf. Hier sehen wir einen K 1502 mit einer noch starren Einrichtung zum leichteren Transport von Hubtischen.

system, Lenkung und Federung entsprechen vom Grundprinzip her dagegen denen der Vorgängermodelle. In der Folge erweitert die Maschinenfabrik Esslingen ihr Programm noch um die leichteren Typen K 701 für 750 kg Nutzlast, K 1001 für 1000 kg Nutzlast sowie den schweren K 3001 für maximal 3000 kg Nutzlast, wobei die Modelle der ersten Generation noch bis 1935 parallel weiter produziert werden. Danach läuft ihre Fertigung schrittweise aus.

1940 ersetzt eine ölhydraulische Bremse beim K 2001 das bisherige Bremssystem. Nur ein Jahr darauf lösen die überarbeiteten Baureihen EK 1002 für Nutzlasten bis 1000 kg, der Zweitonner EK 2002 und das Spitzenmodell EK 3002 für eine Nutzlast bis 3000 kg die bisherigen Modelle ab. Alle sind nun mit einer ölhydraulischen Bremse ausgestattet und werden nicht mehr als Führerstand-, sondern als Fahrerstandwagen vermarktet. Ob die Firmenleitung mit dieser Namensänderung bereits die Zeit nach dem Krieg im Auge hatte, muss allerdings an dieser Stelle dahingestellt bleiben.

Nach 1945 bilden diese Baureihen der dritten Generation die Basis für die Wiederaufnahme der Produktion, wobei ab 1951 der EK 2004 mit Allradlenkung das Programm weiter ergänzt. In dieser Form bleiben die Fahrerstandkarren bis zur Produktionseinstellung 1968 im Programm, wobei die Fertigung des EK 3002 bereits zwei Jahre vorher endet.

Links: Dieser K 1502 in Straßenversion wird zum Transport von Weinfässern genutzt. Rechts: Mit einem Müllkasten und Schwenkkran ist der hier abgebildete K 1502 versehen.

Links: Die Reichsbahndirektion Karlsruhe hat ihren K 1502 mit einem erhöhten Plattformaufbau versehen lassen. Rechts: Die Maschinenfabrik Weygandt & Klein aus Stuttgart-Feuerbach lieferte den Sprengwagenaufbau für diesen K 1502, der auch noch mit einer Kehrwalze versehen ist.

Einen 1,5-Tonnen-Schwenkkran besitzen die beiden hier abgebildeten K 1502 in Straßenversion.

Ein mit einer Kippmulde ausgerüsteter K 1502.

Mit einer handhydraulischen Hubvorrichtung ist dieser K 1502 aus dem Jahr 1926 versehen. Rund 30 Stück dieser frühen Form von Hubkarren entstehen damals.

1929 entsteht ein K 1502 als Kehrmaschine mit Staubsaugevorrichtung. Er bleibt ein Einzelstück.

Im Bahnhof Ludwigshafen dient der K 1502 zum Güter- und Gepäcktransport auf den Bahnsteigen.

Schwer beladen mit Rohren präsentiert sich dieser K 1502.

Oben: Eine Schreinerei nutzt einen K 1502 in Straßenversion mit breiter Pritsche zur Auslieferung ihrer Produkte an die Kundschaft.

Mitte: Dieser K 1502 verdingt sich auf dem Werkshof einer Ziegelei.

Unten: Im Kesselbau der Maschinenfabrik Esslingen im Werk Mettingen ist der K 1502 mit Drehkran im Einsatz, den wir hier sehen.

Links: Das kleinere Schwestermodell des K 1502 kommt 1924 auf den Markt. Diese Detailaufnahme des K 751 gibt den Blick auf den Fahrschalter frei. Rechts: Oben sehen wir die angetriebene Hinterachse unten dagegen die gelenkte Vorderachse des K 751.

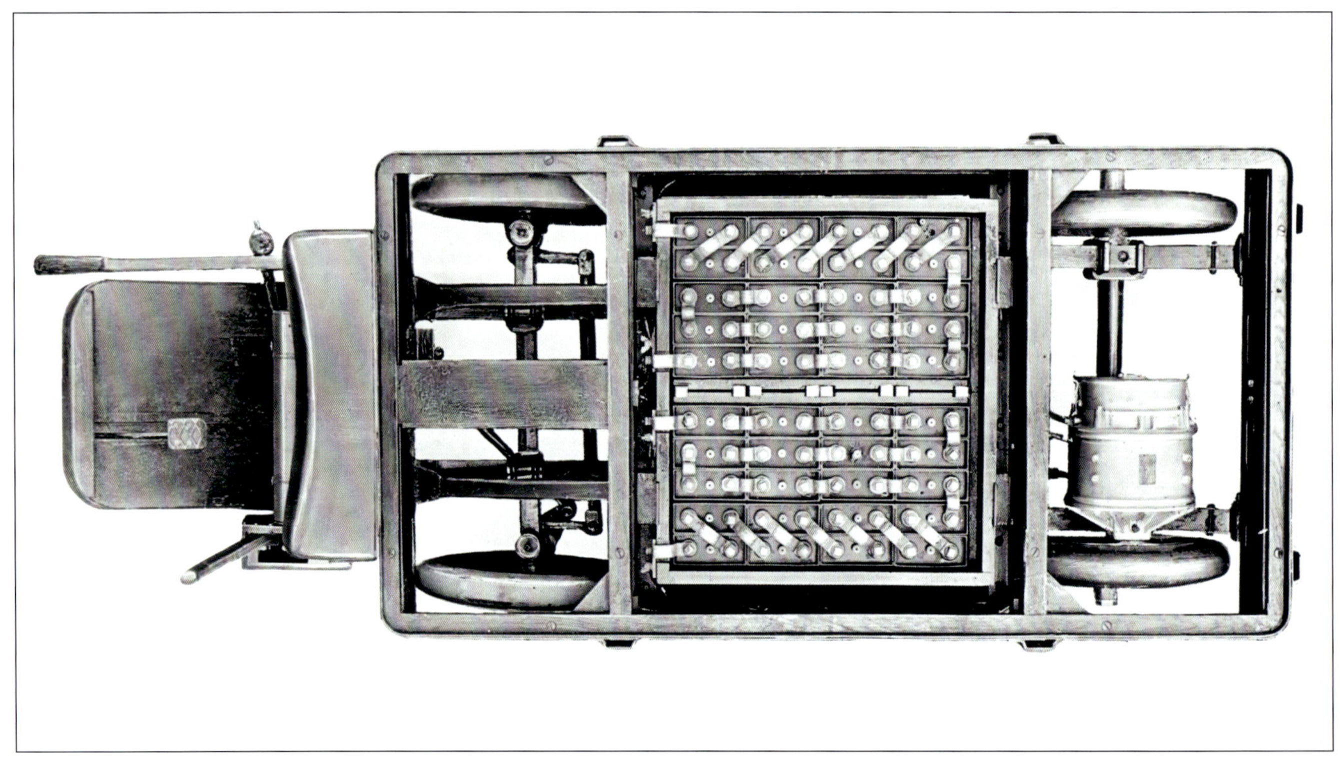

Im Gegensatz zum K 1502 hat der K 751 nur einen Antriebsmotor, wie dank der abgenommenen Plattform gut erkennbar ist.

Oben links: Die Grundversion des K 751 mit einfacher Plattform.

Oben rechts: Einen Spezialkastenaufbau weist dieser K 751 auf.

Mitte: Hier sehen wir einen K 751 mit handhydraulischen Hubschienen.

Unten: Die Werkspost der Maschinenfabrik setzt diese beiden K 751 mit Spezialaufbau im Werk Mettingen ein.

Oben und Mitte: 1926 kommt der K 2502 heraus. Er ist für eine Nutzlast bis zu 2,5 Tonnen ausgelegt.

Unten links: Der K 1512 weist gegenüber dem K 1502 eine leicht vergrößerte Ladefläche auf. Er kommt 1927 auf den Markt. Die Abteilung Straßenreinigung des städtischen Tiefbauamtes der Stadt Pforzheim nutzt ein Exemplar dieser Baureihe mit kippbarem Müllkasten.

Unten rechts: Ein K 1512 in Straßenversion mit Kippmulde.

Oben: Mit einer einfachen Plattform ist dieser K 1512 versehen.

Mitte: Auch den K 1512 schafft die Deutsche Reichsbahn mit erhöhter Sonderplattform für den Gepäcktransport an.

Unten: Schwerstes Modell ist der K 2512 für bis zu 3 Tonnen Nutzlast, den wir hier als Sprengwagen sehen. Er kommt 1929 heraus.

Das Stadtbauamt Ebingen schafft diesen K 2512 mit kippbarem Müllkasten an.

Beidseitig kippbar ist der Müllkasten des K 2512, den wir hier sehen.

Oben: Rund zehn Exemplare des K 2512 mit Schlammsaugeaufbau entstehen 1932.

Mitte: Ein K 2512 als Sprengwagen mit Kehrwalze.

Unten: Auch die Stadt Metzingen setzt ihren K 2512 als Sprengwagen ein.

Mit einer speziellen Ladevorrichtung für Fässer ist der hier abgebildete K 2512 versehen.

Links: Der Kohlenhändler Piepmeyer & Oppenhorst nutzt einen K 2512 in Straßenversion mit Pritschenaufbau zum Transport der Kohlen zur Kundschaft. Rechts: Zumindest etwas Schutz vor der Witterung bietet das Verdeck, das dieser K 2512 in Straßenversion über dem Fahrerplatz besitzt.

Oben: Um den neuen Zulassungsbestimmungen gerecht zu werden, die ab 1929 für Fahrzeuge mit Straßenzulassung gelten, bringt die Maschinenfabrik Esslingen den K 1522 mit Luftbereifung heraus.

Mitte: Gleich vier K 1522 mit Paketkastenaufbau präsentieren sich 1930 dem Werksfotografen.

Unten: Dieser K 1522 ist mit einem Schlammkastenaufbau und Schwenkkran versehen.

Oben links: Ein K 1522 mit kippbarer Pritsche.

Oben rechts: Mit einer elektrohydraulischen Hubvorrichtung ist der hier abgebildete K 1522 ausgestattet.

Mitte: Das Tiefbauamt Heilbronn besitzt einen K 1522 mit kippbarem Müllkasten.

Unten: 1931 entwickelt die Maschinenfabrik Esslingen mit dem K 2001 den ersten Vertreter der zweiten Generation der Führerstandkarren. Ein Hauptunterschied zu den bisherigen Modellen ist der nun geschweißte und damit weniger massiv gestaltete Rahmen.

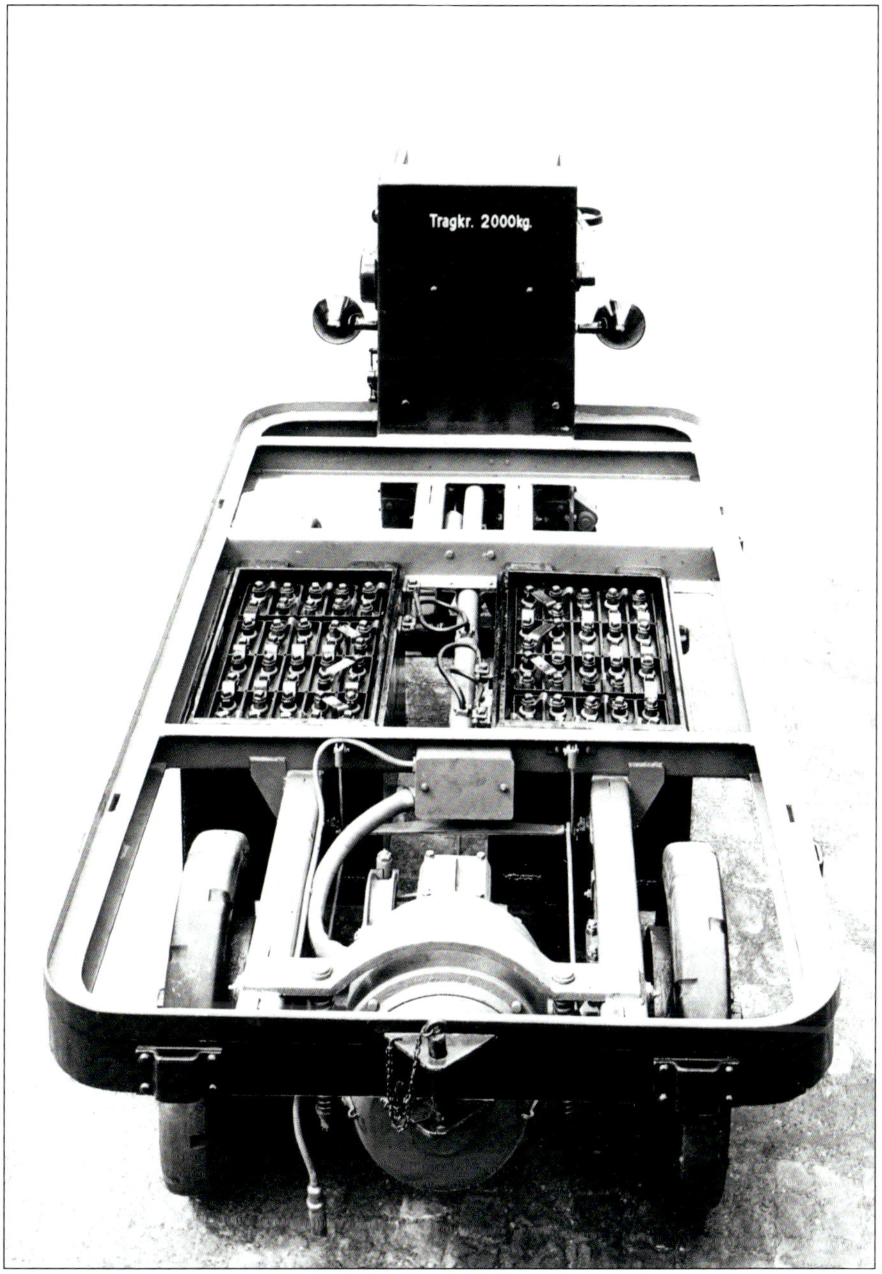

Links und unten: Die abgenommene Plattform zeigt neben den weiterhin zwischen den Achsen platzierten Batterien den zweiten Unterschied zu den alten Baureihen. Der K 2001 besitzt nur noch einen, an die Hinterachse angeflanschten Fahrmotor, den wir auf dem Bild unten rechts nochmal auf einer Großaufnahme der ausgebauten Hinterachse sehen.

Oben: Auch der Fahrschalter des K 2001 ist neu. Er ist jetzt als Segment-Walzenschalter ausgeführt.

Oben: Für den werksinternen Verkehr ist der K 2001 auch mit Vollgummibereifung zu haben. Bei dem abgebildeten Exemplar sind die Batterien noch nicht montiert.

Mitte: Mit Luftbereifung kann der K 2001 – hier ein Fahrzeug mit Aufsteckpritschenwänden – auch auf öffentlichen Straßen eingesetzt werden.

Unten: 1933 entstehen acht Exemplare des K 2001 mit abnehmbarer Spezialhubvorrichtung.

Dieser K 2001 besitzt elektrohydraulische Hubschienen.

Ein K 2001 in Straßenausführung mit der klassischen Plattform.

Der hier abgebildete K 2001 ist mit einem Schwenkkran mit Laufkatze ausgerüstet.

Hier sehen wir einen K 2001 mit Vollgummireifen und Kippmulde.

Auch als Tankwagen kommt der K 2001 zum Einsatz.

Weygandt & Klein aus Stuttgart-Feuerbach hat den Sprengwagenaufbau für diesen K 2001 geliefert, der auch noch mit einer Kehrwalze ausgestattet ist.

Die Stadt Kaiserslautern nutzt einen K 2001 mit Schlammkasten und Schwenkkran zur Kanalreinigung.

1936 erhalten die Röchlingwerke sechs K 2001 in Spezialausführung mit Fahrerschutzbügel.

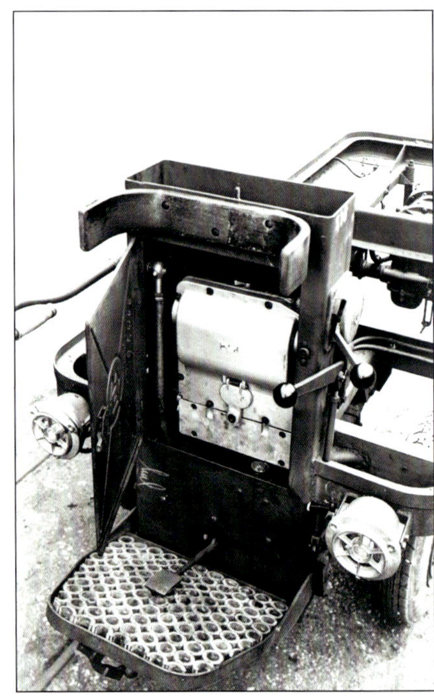

Eine Sonderbauform stellt der K 2001 ex. dar. Das Fahrzeug ist explosionsgeschützt nach VDI-Norm und besitzt einen gekapselten Fahrschalter. Optisch ist der K 2001 ex. auch an den speziellen Scheinwerfern leicht vom normalen K 2001 zu unterscheiden.

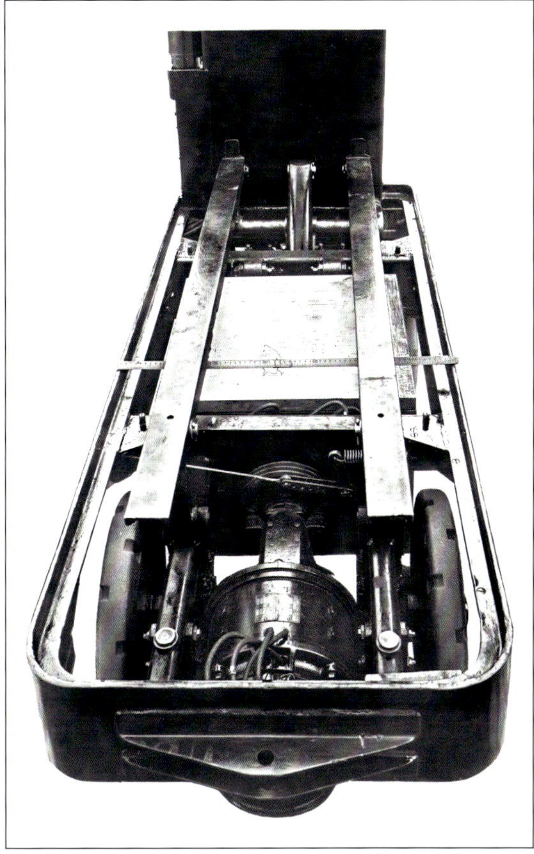

Links oben: Kleinstes Modell der zweiten Generation ist der K 701 für Nutzlasten bis zu 750 kg.

Oben: Auch er besitzt einen an die Antriebsachse angeflanschten Fahrmotor.

Links unten: Neben der Version mit kurzem Radstand gibt es den K 701 auch mit langem Radstand. Ein solches Exemplar mit Schwenkkran sehen wir hier.

Unten: Gleich drei Exemplare des K 701 mit langem Radstand und Spezialaufbau sind auf diesem Foto vereint.

Oben links: Diese Detailaufnahme der ausgebauten Hinterachse zeigt den angeflanschten Fahrmotor des K 1001. Dieser Führerstandkarren ist für Nutzlasten bis zu einer Tonne ausgelegt.

Oben rechts: Ein K 1001 mit einfacher Plattform und Vollgummibereifung.

Unten: Aus dem Jahr 1934 stammt dieser K 1001 mit Spezialhubvorrichtung.

Rund 100 Exemplare des K 1001 mit elektrohydraulischer Hubvorrichtung kann die Maschinenfabrik Esslingen 1935 absetzen.

Links: Das Krankenhaus Cannstatt nutzt den K 1001 mit einem Spezialaufbau zum Speisentransport. Rechts: Nur zwei Stück des K 1001 mit dieser Spezialpritsche entstehen.

Auch dieser K 1001 besitzt einen Spezialkastenaufbau zum Speisentransport.

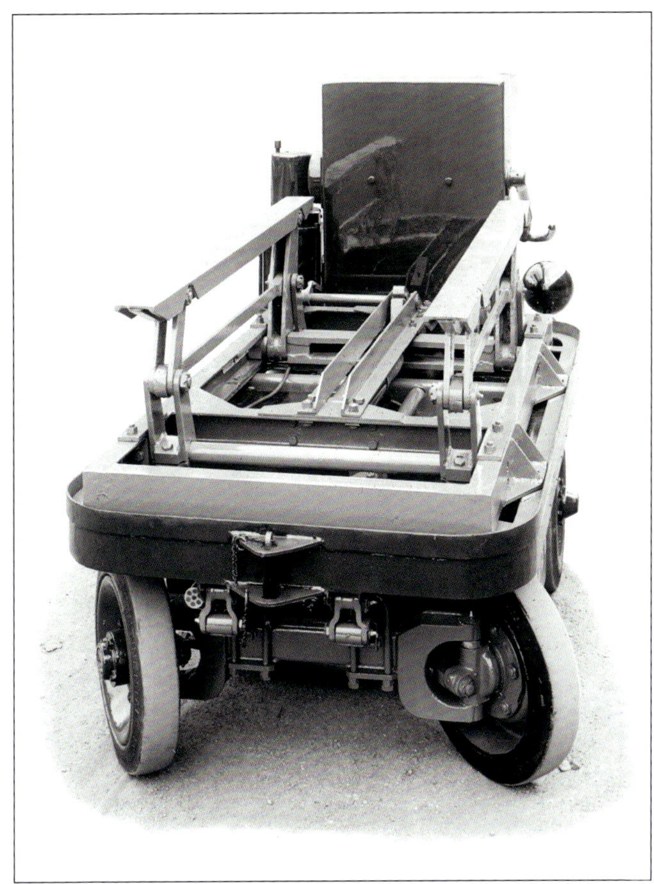

Die Dynamit AG in Troisdorf erhält 1937 acht Exemplare des K1001 mit elektrohydraulischer Hubvorrichtung.

Mit einem Pritsche-Plane-Aufbau ist dieser K 1001 versehen.

K 1001 als Sonderausführung mit Schutzbügel für den Fahrer.

Schwerstes Modell der zweiten Generation ist der K 3001 für bis zu drei Tonnen Nutzlast, hier ein Exemplar mit Schlammsaugeaufbau.

Ein K 3001 mit Schlammkasten und Schwenkkran im Einsatz bei der Kanalreinigung.

Dieser K 3001 besitzt eine einfache Plattform.

Als Sprengwagen wird der K 3001 eingesetzt, den wir hier sehen.

Der hier abgebildete K 3001 ist mit einem Spezialkranaufbau ausgerüstet.

Auf speziellen Kundenwunsch hin hat die Maschinenfabrik Esslingen hier einen K 3001 in verbreiterter Ausführung gebaut.

Oben: 1938 entstehen zwei Exemplare des K 3001 in Sattelschlepperausführung.

Mitte: Die Detailansicht der Hinterachse des K 3001 zeigt den angeflanschten Antriebsmotor.

Unten: Für Nutzlasten bis zu acht Tonnen war der K 8001 ausgelegt, der 1940 herauskam. Es blieb aber kriegsbedingt bei diesem einen Prototyp.

Das Nachkriegsprogramm an Fahrerstandkarren beginnt mit dem Eintonner EK 1002, von dem hier gleich drei Exemplare mit kurzem Radstand hintereinander aus der Werkshalle rollen.

Links: Im werksinternen Materialtransport ist dieser EK 1002 mit kurzem Radstand im Einsatz. Rechts: Hier gut erkennbar die gelenkte Hinterachse des EK 1002.

Oben: Der EK 1002 ist auch mit Luftbereifung zu haben. Dieses Exemplar mit langem Radstand hat eine spezielle Hubvorrichtung für Fässer.

Unten: Auf diesen beiden Aufnahmen sind die beiden Versionen des EK 1002 mit langem Radstand zu sehen. Einmal das Modell mit Luftbereifung (links) und das mit Vollgummireifen (rechts). Zusätzlich besitzen beide Fahrzeuge Schutzbügel für den Fahrer.

Rund zwei Tonnen Nutzlast bietet der EK 2002.

Links: Die abgenommene Plattform gibt den Blick auf die Batterien und den Antriebsmotor des EK 2002 frei, welchen wir auf der unteren Detailaufnahme nochmals besser sehen.

Rechts: Der Fahrschalter ist wie üblich als Segment-Walzenschalter ausgeführt.

Links: Diese beiden Aufnahmen zeigen den EK 2002 in der normalen Bauform (oben) und im Vergleich dazu in der Bauform mit Schutzbügel für den Fahrer (unten).

Oben: Dieser EK 2002 ist mit einem Schwenkkran versehen.

Unten: Hier sehen wir zwei vollgummibereifte EK 2002 bei Entladearbeiten im Hafen.

Mit einem kippbaren Müllkasten ist dieser EK 2002 versehen. Die Werbeaufnahmen sind offensichtlich gestellt, denn ohne Batterien fehlt dem Fahrzeug der Strom, um von der Stelle zu kommen.

Gleich zwei EK 2002 mit Müllkastenaufbau hat der Fotograf hier abgelichtet. Das rechte Exemplar kommt auf Luftreifen daher, während das linke vollgummibereift ist.

Die DLW in Bietigheim hatte zahlreiche Elektrokarren im werksinternen Einsatz. Hier transportieren drei EK 2002 Linoleumrollen durch das Werk.

Oben: Ein EK 2002 mit Müllkastenaufbau bei der Straßenreinigung im Einsatz.

Unten: Mit Hochbordpritschenwänden ist dieser EK 2002 versehen.

Oben: Die Variante des EK 2002 mit Allradlenkung hat die Typenbezeichnung EK 2004.

Mitte: Ein EK 2004 mit einfacher Plattform.

Unten links: Dieser EK 2004 ist mit einem Fahrerschutzbügel versehen.

Unten rechts: Die ausgebaute gelenkte Antriebsachse des EK 2004 mit angeflanschtem Motor.

Oben: Dieser EK 3002 ist mit einem Schwenkkran ausgerüstet.

Unten: Das schwerste Modell im Programm ist der EK 3002, den wir hier mit Kanalreinigungsaufbau von Streicher aus Bad Cannstatt sehen.

Oben: Die meisten EK 3002 erhalten Vollgummibereifung. Das Modell ist aber auch mit Luftreifen zu haben.

Mitte: Ein EK 3002 mit Schlammkastenaufbau und Schwenkkran im Einsatz bei der Kanalreinigung. Der Fahrerstand ist mit Schutzbügeln versehen.

Unten: Mit einer einfachen Plattform ist dieser EK 3002 versehen. Er hat Vollgummibereifung und Fahrerschutzbügel und wieder einmal ist die Batterie bei dieser Aufnahme nicht montiert.

Führersitzkarren

Nach dem erfolgreichen Verkaufsstart der Führerstandkarren bringt die Maschinenfabrik Esslingen kurze Zeit später in Form des Führersitzkarrens in Frontlenkerbauweise eine Weiterentwicklung auf den Markt. Sind die Führerstandkarren in erster Linie für innerbetriebliche Transportaufgaben konzipiert, haben die Verantwortlichen hier den innerstädtischen Verteilerverkehr und den Einsatz im Kommunaldienst im Blick. Das Rückgrat des FK 1502, der für Nutzlasten bis 1500 kg ausgelegt ist, bildet daher wiederum ein stabiler genieteter Rahmen, wobei der Achsstand gegenüber dem K 1502 deutlich vergrößert ist. Den Antrieb besorgen zwei Elektromotoren, die direkt ohne Differential auf die Hinterachse wirken. Diese ist wie auch die Vorderachse blattgefedert und mit vollgummibereiften Rädern mit Rollenlagern versehen. Der kulissengeführte Fahrschalter hat drei Fahrstufen für die Vorwärts- und zwei für die Rückwärtsfahrt, wobei die Schaltung zwischen den Fahrstufen ohne Widerstände erfolgt. Für die Verzögerung sorgt eine mittels Fußhebel betätigte Innenbackenbremse, die auf die Hinterachse wirkt. Ergänzt wird das Bremssystem durch eine elektrische Widerstandsbremse und einen Handbremshebel, der ebenfalls auf die Innenbackenbremse an der Hinterachse wirkt. Die Batterien sind zwischen den Achsen untergebracht und im Regelfall als Gitterplattenbatterien mit 40 Zellen ausgeführt. Augenfälligste Unterschiede zu den Führerstandkarren sind zum einen der beim FK 1502 vollständige Fahrersitzplatz, der auf Wunsch mit Windschutzscheibe und Verdeck versehen werden kann. Zum anderen wird die Achsschenkellenkung an der Vorderachse wie bei einem normalen Kraftfahrzeug über ein klassisches Lenkrad bedient.

Analog zu den Führerstandkarren ist auch der Führersitzkarren ab 1929 mit Luftbereifung zu haben. Diese spezielle Version trägt die Typenbezeichnung FK 1502 L. 1934 ersetzt der komplett überarbeitete FK 1501 die bisherigen Modelle. Wie bei den Führerstandkarren der zweiten Generation weist auch er nun einen komplett geschweißten, filigraner gestalteten Rahmen und den mittig an der Hinterachse angeordneten, in vier Schraubenfedern schwebend am Rahmen aufgehängten Hauptstrommotor auf. Die Kraftübertragung erfolgt über ein gekapseltes Fahrgetriebe auf die Hinterachse. Der FK 1501 besitzt einen Segment-Walzenschalter als Fahrschalter, während Bremssystem, Lenkung und Federung vom Grundprinzip dem alten FK 1502 entsprechen. Um dem Fahrer mehr Komfort zu bieten, ist das neue Modell mit einem Ganzstahlfahrerhaus versehen, das allerdings mit seinem kantigen Design recht spartanisch wirkt. 1940 löst der neu entwickelte FK 1500 das bisherige Modell ab. Auf der technischen Seite unterscheidet er sich in erster Linie beim Bremssystem vom Vorgängermodell, denn es kommt nun eine Öldruckbremse zum Einbau. Optisch kann er mit einem größeren, etwas gefälliger gestalteten Fahrerhaus punkten.

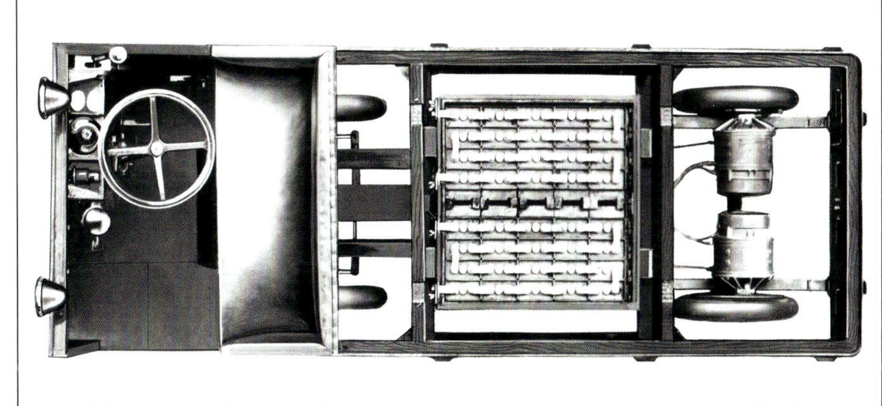

Diese Draufsicht auf den Führersitzkarren FK 1502 verdeutlicht sehr gut seine enge Verwandtschaft zum Führerstandkarren K 1502, von dem er sich in erster Linie durch den Sitzplatz für den Fahrer und das Lenkrad statt des Lenkhebels unterscheidet.

Hier sehen wir das komplett nackte Chassis ohne Batterien. Das Lenkgestänge, aber auch die Seilzüge zu den Innenbackenbremsen an der Hinterachse, an der die beiden Fahrmotoren sitzen, sind so deutlich erkennbar.

Bei diesem Blick auf die Plattform mit abgenommenem Belag ist die Sicht auf die Batterien und den Kabelbaum zu den Antriebsmotoren frei.

Eine Detailansicht der angetriebenen Hinterachse (oben) und der Vorderachse (unten) des FK 1502. Wiederum sind die Seilzüge, die nach hinten zu den Innenbackenbremsen führen, sichtbar.

Die Firma Otto Geisel hat einen FK 1502 mit Metzgermulde, die kippbar ausgeführt ist.

Stolz prangt das Firmenemblem der Maschinenfabrik Esslingen an der Front dieses FK 1502 aus dem Jahr 1925, der mit einer Metzgermulde versehen ist.

Mit breitem Pritschenaufbau ist der FK 1502 des Gartenbauunternehmens Steinle aus Stuttgart ausgerüstet. Er trägt anstelle des ME-Emblems die Initialen seines Besitzers an der Front.

Oben: Als Kastenlieferwagen mit gediegen gestaltetem Lattenholzaufbau ist der FK 1502 des Kaufhauses Hermann Tietz in Stuttgart ausgeführt.

Mitte: Das Sägewerk Hertnagel aus Laimnau nutzt einen FK 1502 mit Drehschemel und passendem Anhänger für den Langholztransport.

Unten: Ein FK 1502 mit einfacher Plattform. In dieser frühen Bauform wirkt der Führersitzkarren doch recht spartanisch, auch wenn er gegenüber den Führerstandkarren deutlich mehr Fahrkomfort bietet.

Nach Kriegsende wird der FK 1500 zunächst unverändert weiterproduziert, bis er 1951 ein neues, harmonisch gestaltetes Ganzstahlfahrerhaus, das wohl nicht zufällig die Formensprache des Volkswagen T1-Transporters aufgreift, erhält. Zusätzlich kommt noch der etwas schwerere FK 2000 mit doppelt bereifter Hinterachse ins Programm. 1956 endet die Fertigung der beiden Modelle, die als Elektrolieferwagen vermarktet werden, zusammen mit der Einstellung des Elektrolastwagenbaus bei der Maschinenfabrik Esslingen.

Das Nachkriegsprogramm an Fahrersitzkarren umfasst aber noch einige weitere Modelle, die sich deutlich länger halten können. So versieht die Maschinenfabrik Esslingen die Fahrerstandkarren EK 1002, EK 2002 und EK 3002 kurzerhand mit einem Sitzplatz für den Fahrer und einem Lenkrad. Als EK 1002 f, EK 2002 f, EK 2012 f und EK 3002 f ergänzen sie fortan das Programm. Ab 1954 ist nur noch der EK 2002 f im Angebot, der sich als langlebigster Vertreter der Familie erweisen wird. Seine Fertigung läuft bis zum Verkauf der Fahrzeugfertigung an die Hamburger Still GmbH im Jahr 1968.

Oben: 1926 entsteht dieser FK 1502 mit Sprengwagenaufbau.

Mitte: Mit einem kippbaren Müllkasten ist der FK 1502 ausgestattet, den wir hier sehen.

Unten: Dank der Tür auf der Beifahrerseite besitzt der abgebildete FK 1502 nun ein geschlossenes Cabrio-Fahrerhaus und wirkt so schon deutlich mehr wie ein Lieferwagen als die ersten Exemplare ohne Tür.

1925 erhält die Gasbetriebs AG in Berlin-Wilmersdorf zwei FK 1502 mit Spezialpritschenaufbau.

Kommunale Dienste sind die Hauptdomäne des FK 1502 und so wird die Werbeabteilung der Maschinenfabrik Esslingen nicht müde, entsprechende Werksaufnahmen zu produzieren. Die drei Mann Besatzung, mit der ein so kleines Fahrzeug mit kippbarer Müllpritsche damals zur Stadtreinigung unterwegs war, sind in unserer heutigen Zeit kaum noch vorstellbar.

Oben: Mit einem festen Dachaufsatz ist dieser FK 1502 versehen, der sich wiederum als Langholztransporter verdingt.

Unten: Der FK 1502 kann auch mit einer Drehleiter versehen werden. Die Montageleiter auf diesem Exemplar des städtischen Betriebsamtes Baden-Baden hat Magirus zugeliefert.

Das Hotel Germania nutzt einen FK 1502, um das Gepäck seiner Gäste, das damals noch weitaus voluminöser war, als wir das heute kennen, zu transportieren.

Im Gegensatz zum Fahrer können die Kurgäste auf einer bequemen Sitzbank Platz nehmen, um mit dem FK 1502 der Versorgungs-Kuranstalt Wildbad zu einer Stadtrundfahrt aufzubrechen.

Mit einer sehr aufwendig gestalteten Lackierung mit vielen Zierlinien ist der FK 1502 Sprengwagen für die Stadt Dortmund versehen, was dem Fahrzeug ein elegantes Erscheinungsbild gibt.

Das Depot Stuttgart der Schlossbrauerei Mering nutzt einen FK 1502 mit Brauereipritsche, um die Fässer mit frischem Gerstensaft zu den Wirtshäusern zu transportieren.

Ein FK 1502 Lieferwagen mit Kastenaufbau des Milchherstellers Boschhof.

Der Metzgermeister Otto Zorn besitzt natürlich einen FK 1502 mit passender Metzgermulde.

Aus dem Jahr 1929 stammt diese Aufnahme eines FK 1502 mit kippbarem Müllkasten der städtischen Straßenbahn in Mannheim.

Oben: Hier sehen wir einen FK 1502 mit Sprengwagenaufbau.

Unten: Ein Exemplar aus der frühen Produktion muss dieser FK 1502 sein, der einen geschlossenen Aufbau für den Krankentransport besitzt.

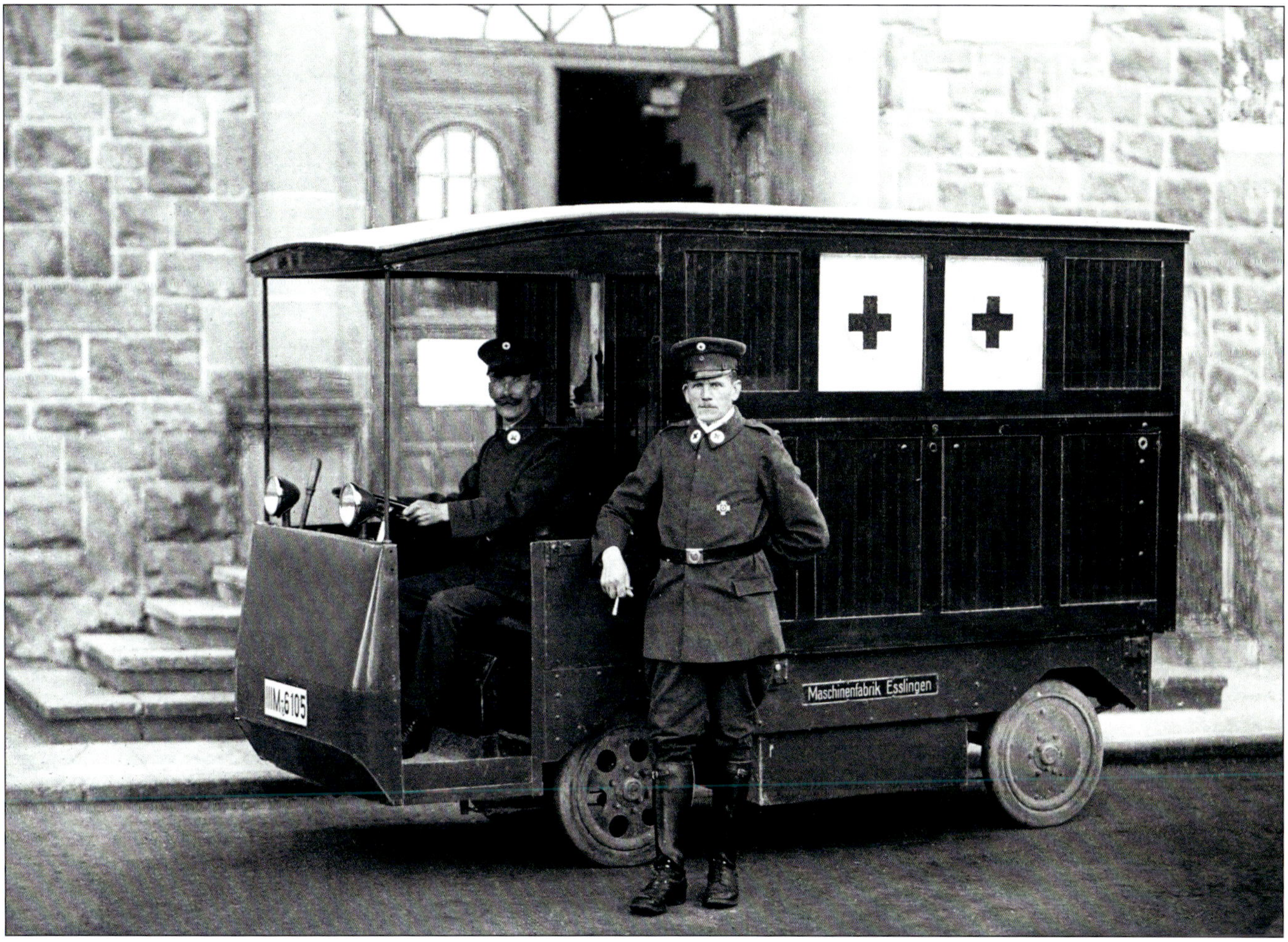

Ab 1929 ist der Führersitzkarren mit Luftbereifung zu haben, um den neuen gesetzlichen Regelungen gerecht zu werden. Die Typenbezeichnung lautet nun FK 1502 L.

Dieser FK 1502 L ist bei einem Handwerksbetrieb im Einsatz. Der sichtlich stolze Besitzer posiert für die Werbeaufnahme am Steuer seines Fahrzeuges.

Milchkannen sind die Ladung, die der hier abgebildete FK 1502 L des Lebensmittelhändlers Krämer aus Stuttgart transportiert.

Oben links: Mit kippbaren Einsteckpritschenwänden ist dieser FK 1502 L ausgestattet.

Oben rechts: Hier sehen wir dagegen einen FK 1502 L mit einfacher Plattform.

Mitte: Für den Transport von Lebensmitteln hat man diesen FK 1502 L mit einem geschlossenen Spezialaufbau versehen. Das Fahrzeug stammt aus dem Jahr 1932.

Unten: Der FK 1502 L der Stadtgärtnerei Augsburg besitzt ein Reserverad, das seitlich neben dem Fahrer an der Kabinenwand befestigt ist.

Oben: Das Fuhrunternehmen Kübler aus Schorndorf setzt für Lieferfahrten innerhalb der Stadt einen FK 1502 L mit verlängertem Pritsche-Plane-Aufbau ein.

Unten: Dass die Elektroführersitzkarren recht langlebig sind, beweist diese Aufnahme von zwei FK 1502 L aus den frühen 1930er-Jahren, die auch noch Anfang der 1950er-Jahre ihren Dienst versehen.

1934 bringt die Maschinenfabrik Esslingen den komplett neu entwickelten FK 1501 heraus, der ein geschlossenes Ganzstahlfahrerhaus besitzt. Die Gestaltung ist allerdings recht grob und sehr kantig ausgefallen.

Ein FK 1501 der Stadt Stuttgart mit Pritschenaufbau.

Die Abteilung Wasserwerk der städtischen Werke Kassel erhält 1934 diesen FK 1501.

Noch während des Krieges entwickelt die Maschinenfabrik Esslingen den FK 1501 zum FK 1500 mit verbessertem Fahrerhaus und Öldruckbremse weiter. Dieses Exemplar geht 1943 an die Piepmeyer & Oppenhorst GmbH.

Hier sehen wir einen FK 1500 mit Müllkastenaufbau für die Stadt Oberhausen.

Das Städtische Krankenhaus Frankfurt-Sachsenhausen erhält diesen FK 1500 Kastenlieferwagen für den Speisentransport.

Ein FK 1500 als Sprengwagen für die Wohnsiedlung Borstei in München.

Mit einem schlichten Pritschenaufbau ist dieser FK 1500 aus dem Jahr 1940 versehen.

Auch nach dem Krieg baut die Maschinenfabrik Esslingen den FK 1500 zunächst unverändert weiter. Schwer beladen posiert dieses Exemplar für den Werksfotografen.

1951 löst der neue FK 1500 mit harmonisch gestaltetem Fahrerhaus, das sicherlich nicht unbeabsichtigt Ähnlichkeiten zum T1-Transporter von Volkswagen aufweist, den Vorkriegs-FK 1500 ab. Der neue FK 1500 wird nun als Elektrolieferwagen vermarktet.

Links: Wie bei der Maschinenfabrik Esslingen üblich, dient ein an die Hinterachse angeflanschter Motor als Antriebsquelle. Rechts: Das Krankenhaus Wiesbaden nutzt diesen FK 1500 mit Kastenaufbau.

Ein FK 1500 als Mannschaftsgerätewagen für die Kanalreinigung. Der Aufbau stammt von einem externen Karosseriebauer, wahrscheinlich Peter Bauer aus Köln.

Einen 880-Liter-Tank mit Handflügelpumpe trägt dieser FK 1500 für die Stadt Augsburg auf seiner Pritsche.

Eine klassische Werbeaufnahme mit einem FK 1500 Pritschenwagen.

Die Briefhüllenfabrik Otto Ficker AG in Kirchheim/Teck nutzt einen FK 1500 mit Pritschenaufbau für Lieferfahrten.

Oben: Sieht zwar aus wie ein moderner FK 1500, aber bei diesem Exemplar der Neckarwerke aus Esslingen handelt es sich um ein Fahrzeug der ersten Bauserie, das nachträglich mit einer Kabine im Stil der zweiten Bauserie eine Verjüngungskur erhalten hat.

Unten: Eine Ladeszene mit dem FK 1500 hat der Werksfotograf hier festgehalten. Im Hintergrund rollt ein Fahrerstandkarren des Typs EK 2002 durch das Bild.

Oben: Zum Fuhrpark der Stadt Freiburg gehört dieser FK 1500 mit kippbarem Müllkasten.

Mitte: Auch Spezialkonstruktionen sind möglich. Bei diesem FK 1500 sind die Batterien wegen der niedrigen Flachpritsche in einer Kiste hinter dem Fahrerhaus platziert. Auch der Radstand ist gegenüber dem normalen FK 1500 deutlich verlängert.

Unten: In Berlin ist der hier abgebildete FK 1500 als Röntgenmobil unterwegs. Den Aufbau dürfte einer der lokalen Karosseriebaubetriebe erstellt haben.

Oben: Der FK 2000 ist das schwerere Schwestermodell des FK 1500. Er ist an der doppelt bereiften Hinterachse zu erkennen. Die Stadt Duisburg hat ein Exemplar mit Schlammsaugeaufbau zur Kanalreinigung in ihrem Fuhrpark.

Unten: Ein FK 2000 mit Müllkastenaufbau der Stadt Offenbach.

Oben links: Die offene Beifahrertür gibt den Blick in den Innenraum mit dem Notsitz neben der Fahrerbank frei. Der Mannschaftsgerätewagenaufbau dieses FK 2000 für den Kanalbau der Stadt Köln stammt von Peter Bauer.

Oben rechts und unten: Hier sehen wir den FK 2000 Mannschaftsgerätewagen des Kanalbaus der Stadt Köln im Einsatz in der Domstadt. Der Schriftzug des Karosseriebauers Peter Bauer prangt stolz auf den Seiten des Aufbaus.

Die Stadtwerke Tübingen nutzen den hier abgebildeten FK 2000 mit langem Radstand und Montage-Drehleiter von Bachert zur Wartung von Straßenlaternen.

Von Metz ist dagegen die Montage-Drehleiter auf diesem FK 2000 mit kurzem Radstand.

Dieser FK 2000 besitzt einen Spezialkastenaufbau für den Speisentransport.

Mit Truppkabine, dafür aber wegen des kurzen Radstandes nur kleiner Pritsche ist dieser FK 2000 versehen.

Sonderpritsche und Spezialfahrerhaus besitzt der hier abgebildete FK 2000 für den Langmaterialtransport.

Werbung für Elektro-Heißwasser-Speicher macht die Berliner BEWAG mit diesen beiden FK 2000 mit Kofferaufbau.

Für den Essenstransport in einem großen Krankenhaus ist dieser FK 2000 mit einem Speisenkofferaufbau versehen und zwei passenden Anhängern kombiniert worden.

Neben den Elektrolieferwagen FK 1500 und FK 2000 bietet die Maschinenfabrik Esslingen auch weiterhin einfache Fahrersitzkarren an. Kleinster Vertreter dieser Modellfamilie ist der EK 1002 f.

Gängigstes Modell der Familie ist der EK 2002 f, hier mit Pritschenaufbau.

Eine einfache Plattform besitzt dagegen dieser EK 2002 f.

Diese beiden Aufnahmen zeigen, dass der EK 1002 f sowohl als Fahrersitzkarren, aber auch als Fahrerstandkarren, von dem er sich konstruktiv herleitet, genutzt werden kann.

Oben: Mit einem Tankaufbau ist der hier abgebildete EK 2002 f versehen.

Mitte: Ein EK 2002 f mit Kipp-Pritsche und Bagger-Arm im Einsatz am Strand von Jever in Nordfriesland.

Unten links: 750 mm hohe Bordwände besitzt der EK 2002 f mit verlängertem Radstand, den wir hier sehen.

Unten rechts: Um dem Fahrer des EK 2002 f bei schlechter Witterung etwas Schutz zu bieten, experimentiert die Maschinenfabrik Esslingen mit Dachaufsätzen. Zu einer Serienfertigung dieser Aufsätze kommt es aber nicht.

Oben: Deutlich spartanischer als der EK 2002 f präsentiert sich das Schwestermodell EK 2012 f.

Unten: Schwerste Baureihe der Fahrersitzkarren ist der Dreitonner EK 3002 f.

Elektrolastwagen

Nach der erfolgreichen Markteinführung der Führersitzkarren bringt die Maschinenfabrik Esslingen 1926 mit dem Modell EW 1502 ihren ersten Elektrolastwagen für die Güterbeförderung im Stadt- und Nahverkehr heraus. Er ist für eine Nutzlast von 1500 kg ausgelegt und in Frontlenkerbauweise gehalten. Wie üblich bildet ein stabiler genieteter Stahlrahmen das Rückgrat der Konstruktion. Die 40-zellige Gitterplattenbatterie ist zwischen den Achsen angeordnet, welche blattgefedert sind. Als Antrieb dienen zwei Elektromotoren, die über je ein Zahnradvorgelege auf eines der beiden Hinterräder wirken. Alle Räder laufen auf Rollenlagern und sind vollgummibereift.

Wie beim Führersitzkarren hat der kulissengeführte Fahrschalter drei Fahrstufen für die Vorwärts- und zwei für die Rückwärtsfahrt, wobei die Schaltung zwischen den Fahrstufen ohne Widerstände erfolgt. Das Bremssystem umfasst eine Innenbackenbremse, die durch einen Fußhebel am Fahrerplatz angesteuert wird und auf die Hinterachse wirkt. Zusätzlich ist noch eine weitere Bremse vorhanden, die per Handhebel angesteuert wird und direkt auf die Motoren wirkt. Als Lenkung kommt eine Achsschenkellenkung zum Einbau.

Daneben stellt die Maschinenfabrik Esslingen auch noch einen schweren Elektrolastwagen für vier bis fünf Tonnen Nutzlast vor, der in Kurzhauberoptik gehalten ist. Bei ihm ist der Antriebsmotor fest mit dem Chassis verbunden und überträgt über eine Kardanwelle und ein Differential mit Vorgelege seine Kraft auf die Hinterachse. Ansonsten entspricht die Technik in ihren Grundzügen denen der leichteren Frontlenker. Die Konstruktion kommt über das Prototypenstadium allerdings nicht hinaus und fungiert eher als Erprobungsträger für geplante schwerere Baureihen, an deren Entwicklung die Techniker bereits arbeiten.

1927 kann die Nutzlast der leichten Frontlenker auf 2000 kg erhöht werden und die Typenbezeichnung ändert sich in EW 1522. Speziell für die Reichspost kommt noch eine Paketwagenversion namens EW 1532 ins Programm. Im Jahr darauf stellt die Maschinenfabrik Esslingen in Form des EL 2002 den ersten Vertreter einer neuen Generation von Elektrolastwagen in Kurzhauberbauweise vor. Sein Chassis bildet ein geschweißter Stahlpressrahmen. An ihm sind die Achsen mittels langer Blattfedern aufgehängt. Der Elektromotor ist hinter der Hinterachse im Rahmen platziert und überträgt mittels Differential mit Vorgelege seine Kraft auf diese. Die sonstige Technik übernimmt der neue Lastwagentyp von seinen Schwestermodellen der EW-Baureihe. Da aber neue gesetzliche Regelungen in Kraft treten, die für Straßenfahrzeuge Luftbereifung vorschreiben, muss die Modellreihe nochmals überarbeitet werden.

Als erster Vertreter der Elektrolastwagen mit Luftbereifung kommt 1929 der Frontlenker EW 2002 ins Programm. Ihm zur Seite stellt man die ebenfalls luftbereiften Typen EL 1502, EL 2002 und EL 2502, bei denen die Kabinen nun zwar immer noch recht kantig, aber nicht mehr ganz so einfach gestaltet wie beim 1928er-Erstling der neuen Serie ausfallen. In der Folge überarbeitet die Maschinenfabrik die Formgebung der Kabinen noch mehrfach eingehend, so dass sie sich immer gefälliger gestaltet zeigen. Gleichzeitig läuft die Fertigung der EW-Baureihe schrittweise aus.

1934 präsentiert die Maschinenfabrik Esslingen dann ein komplett neu entwickeltes Lastwagenprogramm. Die Chassis haben nun einen niedrigeren Schwerpunkt, so dass der Einstieg in die modern gestalteten Kurzhauberkabinen in Ganzstahlbau-

1926 bringt die Maschinenfabrik Esslingen ihren ersten Elektrolastwagen heraus. Er trägt zunächst die Typenbezeichnung EW 1502 und ist für 1,5 Tonnen Nutzlast ausgelegt. Dieses Exemplar besitzt einen Schlammkastenaufbau und ist für das städtische Tiefbauamt Oberhausen im Einsatz.

Nach nur einem Jahr ersetzt 1927 der überarbeitete EW 1522 das bisherige Modell. Seine Nutzlast ist auf 2 Tonnen gesteigert und die Kabine optisch überarbeitet, was an den integrierten Scheinwerfern gut zu erkennen ist.

An die chirurgische Klinik Tübingen geht dieser EW 1522 mit kippbarem Müllkasten.

Die Deutsche Reichspost testet den EW 1522 als Paketwagen.

weise deutlich erleichtert ist. Und auch ansonsten ist das Fahrwerk völlig runderneuert. Die Vorderachse ist als Faustachse mit Ross-Lenkung ausgeführt, während die Hinterachse in Blockbauart mit angeflanschtem Getriebe und Hauptstrommotor gehalten ist. Der Motor ist, wie mittlerweile bei den Fahrzeugen der Esslinger üblich, federnd am Rahmen aufgehängt. Das Getriebe wiederum bildet ein sprialverzahntes Kegelrad- und ein schrägverzahntes Stirnräderpaar sowie ein Kegelradausgleichsgetriebe. Der Fahrschalter für die drei Vorwärtsgänge und den Rückwärtsgang lässt sich über einen Knüppelhebel mit Gangwalze betätigen. Für die Verzögerung sorgt schließlich eine Perrot-Vierradbremse mit Servo-Wirkung. Eine Handbremse und eine elektrische Widerstandsbremse komplettieren das Bremssystem. Einstiegsmodell ist der EL 1001 v für 1000 kg Nutzlast und mit einfach bereifter Hinterachse. Über ihm sind die ebenfalls mit einfach bereifter Hinterachse versehenen Modelle EL 1501 für 1500 kg Nutzlast und der Zweitonner EL 2001 n angesiedelt. Letzerer ist ab 1935 als EL 2001 d auch mit doppelt bereifter Hinterachse und vergrößertem Radstand zu haben.

Im selben Jahr erweitert sich das Programm noch um die schwereren Baureihen in Form des Zweieinhalbtonners EL 2501 und des Dreitonners EL 3001, die sich auch optisch durch die massivere Bauweise, vergrößerte Fahrerkabine und größer dimensionierte Bereifung von den kleineren Schwestermodellen abheben. Zudem weist ihr Fahrschalter vier Vorwärts- und zwei Rückwärtsgänge auf und die Motoren sind nun vor und nicht mehr hinter der Hinterachse platziert. Desweiteren ist der Rahmen nicht gerade, sondern über der Hinterachse gekröpft ausgeführt.

1937 stellt die Maschinenfabrik Esslingen den Fünftonner EL 5001/3 vor. Er besitzt ein komplett neu entwickeltes, ungekröpftes Chassis, das einen vergrößerten Radstand zur Unterbringung zusätzlicher Batterien und eine ungebremste, doppelt bereifte Schleppachse zur Erreichung einer höheren Nutzlast aufweist. Der Motor ist beim EL 5001/3 im Rahmen hinter dem Fahrerhaus platziert und treibt über eine Kardanwelle die erste Hinterachse an. Bis 1938 entstehen nur drei Exemplare, da sich im Alltagsbetrieb schnell zeigt, dass der Stromverbrauch des Wagens zu hoch und ein wirtschaftlicher Einsatz somit nicht möglich ist.

1939 schließlich kommt noch der Viertonner EL 4001 auf den Markt, für den die Maschinenfabrik Esslingen das Chassis des Mercedes-Benz L 4500 verwendet. Wie beim EL 5001/3 weist auch er einen direkt hinter dem Fahrerhaus platzierten Motor auf, der die Hinterachse über eine Kardanwelle antreibt und seinen Strom aus vier Batterien bezieht. Kriegsbedingt erreicht die Baureihe aber nur marginale Stückzahlen, da ein Großteil der Produktion des Mercedes-Benz L 4500 direkt an die Wehrmacht geht und somit kaum Chassis an die Maschinenfabrik Esslingen geliefert werden können. Als Spitzenmodell plant die Maschinenfabrik Esslingen 1941 noch einen Zehntonner namens EL 10001 auf den Markt zu bringen, doch dürfte dieses Modell nicht über das Planungsstadium hinausgekommen sein.

Mit einer Bierpritsche versehen ist der EW 1522 der Brauerei Schwabenbräu.

Voll beladen präsentiert sich dieser EW 1522 des Lebensmittelhändlers Schenk aus Mannheim, wobei die Holzkisten deutlich mehr Gewicht auf die Waage bringen dürften als die darin verpackten Hühnereier.

Die Brauerei Ketterer aus Pforzheim transportiert mit ihrem EW 1522 Flaschenbier zu den durstigen Kunden.

Der hier abgebildete EW 1522 gehört zur Milchzentrale der Stadt Freiburg und wirbt mit einem entsprechenden Dachaufbau für Joghurt-Produkte.

Hier hat der Werksfotograf den EW 1522 der Hofbrauerei Hatz aus Rastatt festgehalten.

Nach Kriegsende wird zunächst die Produktion der Modelle EL 2501 und EL 3001 wieder aufgenommen. 1948 werden sie von leicht überarbeiteten Versionen, die jetzt die Bezeichnungen EL 2500 und EL 3000 tragen, abgelöst. Diesen beiden stellt die Maschinenfabrik Esslingen bald den EL 5000 zur Seite, welcher wieder auf einem Chassis von Mercedes-Benz und zwar des Typs L 5000 basiert, wobei die Stuttgarter nun auch noch die Kabinen für den schwersten Lastwagen im Esslinger Programm zuliefern. Da die Kurzhauber mittlerweile aber etwas altbacken wirken, machen sich die Techniker daran, eine neue Elektrolastwagengeneration in Frontlenkerbauweise zu entwickeln, die 1951 auf den Markt kommt. Kleinste Vertreter sind die Modelle EL 1500 und EL 2000, die die Lücke zwischen den Elektrolieferwagen und den Elektrolastwagen schließen sollen. Bei ihnen ist der Motor direkt hinter dem Fahrerhaus im Rahmen platziert und treibt über eine Kardanwelle die Hinterachse an. Über ihnen ist der Zweieinhalbtonner EL 2500 angesiedelt, der in erster Linie als Paketwagen für die Deutsche Bundespost Verwendung finden wird. Er wie auch die beiden noch schwereren Modelle hat einen direkt an die Hinterachse angeflanschten Motor. Den oberen Abschluss des Programms bilden der neue Dreitonner EL 3000 und der Fünftonner EL 5000, wobei letzerer nur in geringen Stückzahlen produziert werden wird.

Obwohl die Maschinenfabrik Esslingen mit den neuen Frontlenkerbaureihen ein modernes Fahrzeugangebot hat, gehen in den folgenden Jahren die Verkaufszahlen immer weiter zurück. 1956 wird daher die Produktion der Elektrolastwagen eingestellt.

Aus dem Jahr 1927 stammt der EW 1522 mit Paketpritsche, den wir hier sehen.

Oben: Nach den positiven Testergebnissen mit den EW 1522 Paketwagen, ordert die Deutsche Reichspost eine größere Serie von Fahrzeugen. Sie unterscheiden sich in kleinen Details wie dem Typ der verbauten Vollgummiräder vom normalen EW 1522 und tragen den Modellnamen EW 1532.

Mitte: Um den neuen gesetzlichen Richtlinien für Straßenfahrzeuge gerecht zu werden, bringt die Maschinenfabrik Esslingen 1929 den EW 2002 mit Luftbereifung auf den Markt.

Unten: Diese drei EW 2002 gehören zum Fuhrpark des GHH-Konzerns. Von links nach rechts sehen wir ein Exemplar mit normaler Pritsche, eines mit Hochbordpritsche und eines mit Müllkastenaufbau.

Der Lebensmittelhändler Schenk aus Mannheim nutzt auch den EW 2002 mit Pritsche für Lieferfahrten.

Einen Sprengwagenaufbau besitzt der hier abgebildete EW 2002 des städtischen Fuhrparks Düsseldorf.

1933 entstehen drei EW 2002 mit Benzinabscheideraufbau.

Oben links: Müller & Kasten aus Witten ordert seinen EW 2002 mit einer kippbaren Pritsche.

Oben rechts: Einen Schwenkkran mit Laufkatze besitzt dieser EW 2002, bei dem als weitere Besonderheit statt der integrierten Scheinwerfer freistehende montiert sind.

Links: Auch der EW 2002, den wir hier sehen, hat freistehende Scheinwerfer. Zudem ist er mit einer komplett geschlossenen Fahrerkabine versehen.

Unten: Wie alle Fahrzeuge der Maschinenfabrik Esslingen erweist sich auch der EW 2002 als langlebig. Dieses Exemplar aus der Vorkriegszeit versieht auch in den 1950er-Jahren noch seinen Dienst, wobei der Besitzer die Originalkabine durch einen Neuaufbau hat ersetzen lassen.

Oben rechts: 1926 entsteht ein schwerer Lastwagen für Nutzlasten von 4 bis 5 Tonnen. Er bleibt aber zunächst ein Einzelstück.

Oben links: Der Fahrschalter beim Prototyp des Jahres 1926 ist in der kurzen Stummelschnauze untergebracht. Dies wird auch bei den späteren Serienmodellen so bleiben.

Rechts und unten: Mit dem EL 2002 als erstem Modell einer neuen Serie will die Maschinenfabrik Esslingen 1928 eigentlich ihr Angebot um schwere Elektrolastwagen erweitern. Die neuen gesetzlichen Regelungen für Straßenfahrzeuge, die Luftbereifung zwingend vorsehen, führen aber dazu, dass das Projekt nochmals komplett überarbeitet werden muss, so dass der abgebildete Wagen mit Schlammkastenaufbau und Schwenkkran für die Stadt Lyon zunächst ein Einzelstück bleibt.

1929 können die ersten Exemplare mit Luftbereifung vorgestellt werden wie dieser EL 2502. Auch die optische Gestaltung der Kabine präsentiert sich deutlich gefälliger, aber noch nicht im endgültigen Zustand.

Bei diesem EL 1502 mit Pritschenaufbau erkennt man sehr gut, wie die Kabine nochmals überarbeitet wurde. Diese Bauform kommt 1930 auf den Markt.

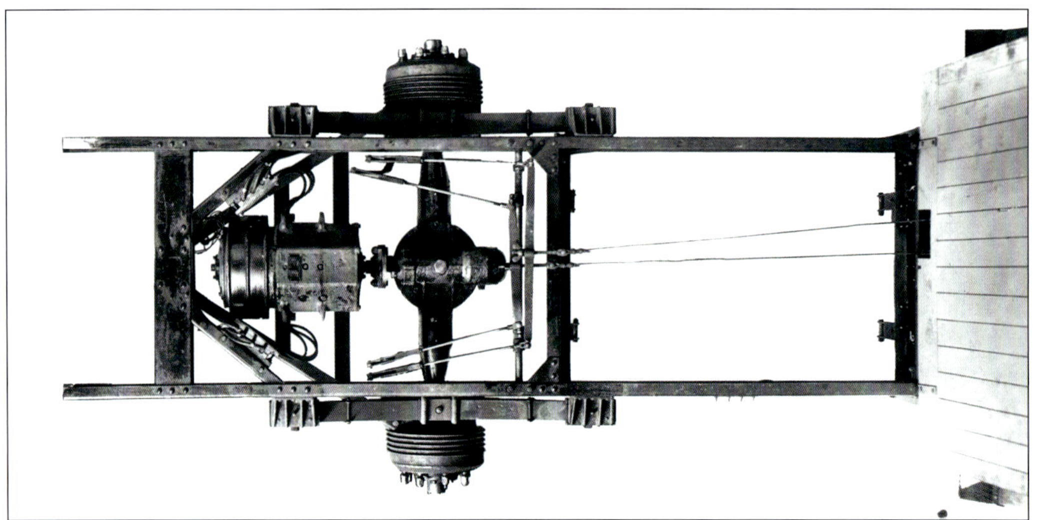

Ein Blick auf das Chassis des EL 1502. Gut zu erkennen, der an die Hinterachse angeflanschte Motor und die Seilzüge zu den Innenbackenbremsen an der Hinterachse.

Der EL 2002 der Drucksachen-Verwaltung der Deutschen Reichsbahn in Ludwigshafen besitzt die endgültige Kabinenbauform, die ab 1933 Verwendung findet.

Das Tiefbauamt der Stadt Heilbronn erhält 1933 zwei Exemplare des EL 2002 mit Müllkastenaufbau.

Mit Pritsche und Truppkabine ist dieser EL 2002 versehen.

Fässer mit frischem Gerstensaft hat der EL 1502 auf seiner Pritsche geladen, den wir hier sehen.

Nüchtern und sachlich präsentiert sich der EL 1502, das leichteste Modell der Elektrolastwagenbaureihe, hier dem Werksfotografen.

Schwerste Baureihe ist dagegen der Zweieinhalbtonner EL 2502, hier ein Exemplar für die Stadtwerke Neuruppin.

Ab 1934 präsentiert die Maschinenfabrik Esslingen eine komplett neue Generation von Elektrolastwagen. Einstiegsmodell ist der Eintonner EL 1001 v, hier ein Fahrzeug mit Krankentransportaufbau.

Für 1,5 Tonnen Nutzlast ist der EL 1501 ausgelegt. Von ihm können bis 1937 rund 200 Exemplare abgesetzt werden.

Diese Aufnahme gibt den Blick in das Fahrerhaus des EL 1501 frei, das sich recht spartanisch und mit einem Armaturenbrett mit nur wenigen Instrumenten und Schaltern präsentiert.

Unter der kurzen Haube des EL 1501 verbirgt sich kein Motor, sondern der Fahrschalter und die Widerstände.

Aus dem Jahr 1937 stammt dieser EL 1501 mit einer 12-Meter-Drehleiter von Magirus.

Auch die Stadtwerke Hanau nutzen einen EL 1501 mit Magirus-Drehleiter.

Mit einer Flachpritsche ist der EL 1501 des städtischen Elektrizitätswerkes Schorndorf ausgestattet.

Die Spedition Bucher aus Riedlingen nutzt dagegen einen EL 1501 mit Pritschenaufbau für Lieferfahrten.

Recht abenteuerlich wirkt dieser EL 1501 mit Mannschaftswagenaufbau und offenem Fahrerhaus.

Nach den positiven Erfahrungen mit dem EW 1522 und EW 1532 ordert die Deutsche Reichspost auch einige EL 1501 als Paketwagen.

Das städtische Elektrizitätswerk Leipzig setzt zur Wartung seiner Fernwärmeleitungen einen EL 1501 mit Spezialkranaufbau ein.

Die Berliner BEWAG setzt Kastenwagen auf EL 1501-Basis als Werbefahrzeuge ein.

Mit einem Spezialkastenaufbau für den Speisentransport ist der EL 1501 des städtischen Krankenhauses Mainz versehen, der hier abgebildet ist.

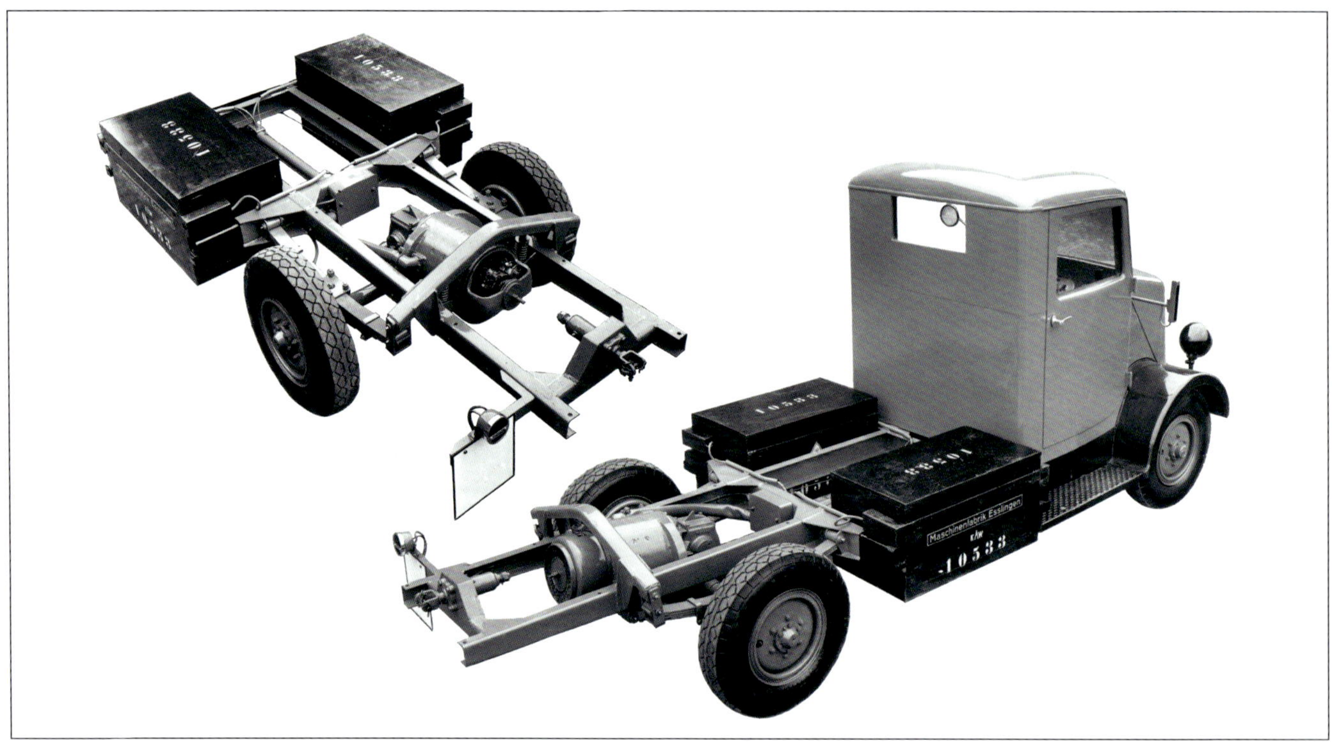

Diese Detailansichten eines EL 2001 n ohne Aufbau geben den Blick auf den an die Hinterachse angeflanschten Motor und die beiden Batteriekästen frei. Wie die Typenbezeichnung schon vermuten lässt, ist diese Baureihe für Nutzlasten bis zu 2 Tonnen ausgelegt.

Der Transportunternehmer Hampele aus Stuttgart erhält diesen EL 2001 n mit Pritsche-Plane-Aufbau.

Mit einer hydraulischen Kipp-Pritsche ist der EL 2001 n der städtischen Betriebswerke Friedrichshafen versehen, der hier abgebildet ist.

Als elegant gestalteter Kastenwagen präsentiert sich dieser EL 2001 n.

Oben: Der EL 2001 n ist auch mit langem Radstand lieferbar wie dieses Exemplar des Kohlenhändlers Dobrow.

Mitte: Die Deutsche Reichspost nutzt den EL 2001 n mit langem Radstand als Paketwagen.

Unten: Mit auffälliger Werbebeschriftung ist der EL 2001 n Kastenwagen der sächsischen Brotfabrik Union-Brot versehen.

Der Zweitonner EL 2001 ist ab 1935 in Form des EL 2001 d auch mit doppelt bereifter Hinterachse erhältlich. Hier ein solches Fahrzeug als Sprengwagen der Gemeinde Haunstetten.

Kühlräume mit eigenen Kühlanlagen konnten sich in den 1930er-Jahren nur wenige Betriebe leisten. Stattdessen nutzte man Eisblöcke zur Kühlung verderblicher Waren, die Eisfabriken lieferten. Um die Eisblöcke zum Kunden zu transportieren, kommt dieser EL 2001 d mit Isolieraufbau zum Einsatz.

Oben links: 1936 kommt der EL 2501 als erster Vertreter der schweren Elektrolastwagenbaureihen auf den Markt. Sein Fahrerhaus ist geräumiger, aber ähnlich spartanisch gehalten wie bei den leichteren Modellen.

Oben rechts: Wie üblich finden sich auch beim EL 2501 unter der Haube der Fahrschalter und die Widerstände.

Unten: Beim EL 2501 ist der Fahrmotor zwar auch direkt an die Hinterachse angeflanscht, aber im Gegensatz zu den leichteren Baureihen vor dieser angeordnet.

Mit Schlammkastenaufbau, Schwenkkran und Kanalreinigungswinde ist dieser EL 2501 ausgestattet.

Aus dem Jahr 1937 stammt der EL 2501 mit Schlammkastenaufbau zur Gullireinigung, den wir hier sehen.

Die bekannte Freiburger Brauerei Ganter setzt diesen EL 2501 mit Kühlaufbau ein.

Auf dieser Aufnahme hat der Werksfotograf zwei identische EL 2501 mit Schlammkastenaufbau und Schwenkkran festgehalten.

Einen speziellen Eiskastenaufbau besitzt der EL 2501 der Eisfabrik der Gebrüder Bender.

Mit einem klassischen Pritsche-Plane-Aufbau versehen ist der hier abgebildete EL 2501.

Die Brauerei Radeberger hat einen EL 2501 mit Pritsche-Plane-Aufbau in ihrem Fuhrpark.

Einen EL 2501 mit Kastenwagenaufbau nutzt dagegen die National Jürgens Brauerei aus Braunschweig.

Eher ungewöhnlich ist die Verwendung des EL 2501 als Basis von Feuerwehrfahrzeugen. 1938 entsteht dieses Einzelstück eines Leiterwagens mit angehängtem Schlauchwagen.

Die Fertigung des EL 2501 läuft auch nach Kriegsende weiter. Diese drei Paketwagen gehen an die Deutsche Post in der amerikanischen Besatzungszone.

Für einen leichteren Batteriewechsel sind die EL 2501 der Deutschen Post mit einer Spezialablassvorrichtung versehen. Im Gegensatz zum normalen EL 2501 verfügen sie zudem nur über eine Batterie, die mittig im Rahmen untergebracht ist.

Die Verkehrsabteilung der städtischen Werke Mainz ordert 1938 einen EL 2501 mit Truppkabine und Turmwagenaufbau von Magirus.

Die britische Rheinarmee erhält eine 30 Fahrzeuge umfassende Lieferung des EL 2501, die per Bahn von Esslingen zu den Kasernen im Rheinland transportiert wird.

Der Dreitonner EL 3001 ist das schwerere Schwestermodell des EL 2501. Hier sehen wir das Chassis noch ohne Aufbau, wodurch der Fahrmotor an der Hinterachse gut erkennbar ist.

Der EL 3001 findet sich als Werbewagen, der den Hausfrauen die Vorzüge von Elektroherden näherbringen soll, auch im Bestand der Berliner BEWAG wieder.

Die Radeberger Brauerei setzt auch den EL 3001 ein. Im Gegensatz zum EL 2501 weist er einen etwas größeren Radstand auf.

Auch die Brauerei Schultheiss aus Berlin nutzt den EL 3001, um ihr Bier zu den Wirtshäusern der Hauptstadt zu transportieren.

Das Elektrizitätswerk Kassel hat diesen EL 3001 mit Montage-Drehleiter von Magirus im Fuhrpark.

Dieser EL 3001 ist mit einem Schlammsaugeaufbau versehen.

Schwerstes Modell der Elektrolastwagenserie ist der dreiachsige Fünftonner EL 5001/3, der 1937 vorgestellt wird.

Beim EL 5001/3 ist der Motor direkt hinter dem Fahrerhaus platziert und treibt über eine Kardanwelle die erste Hinterachse an. Die zweite Hinterachse ist als ungebremste Schleppachse ausgeführt. Desweiteren ist der EL 5001/3 mit vier Batteriekästen ausgerüstet.

Das erste Exemplar des EL 5001/3 geht 1937 an die Stadt Bochum. Mit einem Spezialaufbau versehen, kommt es zum Transport von Wechselmülltonnen zum Einsatz, wobei oft ein passender Anhänger an den Dreiachser gekuppelt ist.

1938 liefert die Maschinenfabrik Esslingen zwei EL 5001/3 an die Stadt Gelsenkirchen. Diese lässt sie mit Kuka-Pressmüllaufbauten ausrüsten und nutzt sie in der städtischen Müllentsorgung. Es zeigt sich aber recht schnell, dass der Stromverbrauch der schweren Fahrzeuge zu hoch ist, um sie wirtschaftlich zu betreiben, weshalb die Fertigung wieder eingestellt wird.

Oben: Der Viertonner EL 4001 kommt 1939 auf den Markt. Er übernimmt den Antriebsstrang des EL 5001/3, der nun in ein Chassis von Mercedes-Benz eingebaut wird. Kriegsbedingt entstehen aber nur wenige Exemplare dieses Typs.

Mitte: Ein EL 4001 aus Vorkriegsfertigung neben einem EL 2500 aus Nachkriegsfertigung im Hof der Brauerei Dinkelacker.

Noch während des Krieges entstehen erste Pläne für moderne Frontlenker-Lastwagen (links). Ab 1951 kommen die neuen Frontlenkertypen auf den Markt. Kleinstes Modell ist der EL 1500, bei dem der Motor direkt hinter dem Fahrerhaus sitzt und die Hinterachse über eine Kardanwelle antreibt.

Oben: Ganz ohne Aufbau präsentiert sich dieser EL 1500.

Mitte: Das städtische Krankenhaus in Frankfurt-Sachsenhausen hat zwei Exemplare des EL 1500 in seinem Bestand. Eines ist mit einem Kofferaufbau für den Speisentransport ausgerüstet (links), das andere dagegen besitzt einen Pritschenaufbau mit festem Dach (rechts).

Unten: Die schwerere Version des EL 1500 hat die Typenbezeichnung EL 2000 und ist dementsprechend für 2 Tonnen Nutzlast ausgelegt.

Die Kurzhauberfahrzeuge entsprechen bis auf kleine Details den Vorkriegstypen. Lediglich die Typenbezeichnungen sind an das neue Schema angepasst. Dementsprechend hört der Zweieinhalbtonner jetzt auf den Namen EL 2500.

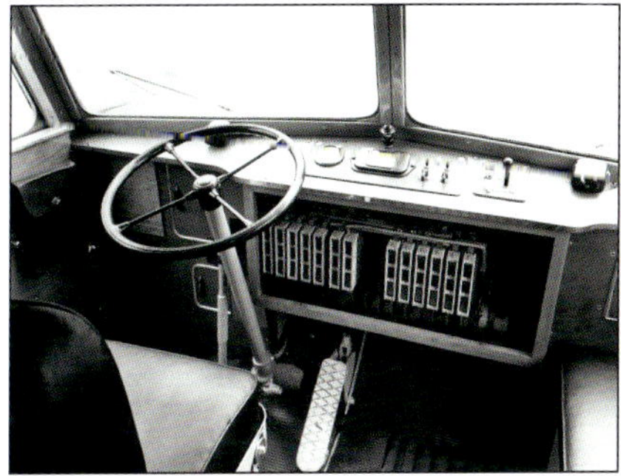

Den EL 2500 gibt es auch in Frontlenkerbauweise. Der Großteil der Fahrzeuge geht an die Deutsche Bundespost, die sie als Paketwagen einsetzt. Den Aufbau dieses Exemplars hat Veller in Fellbach realisiert. Die Innenansicht des EL 2500 Paketwagens oben gibt den Blick auf den Fahrerplatz frei. Unterhalb des Armaturenbretts ist der Fahrschalter angeordnet, der sich in einem normalerweise verschlossenen Kasten befindet.

Gängigstes Modell der Haubenwagen ist der Dreitonner EL 3000.

Mit einer Spezialkipp-Pritsche ist dieser EL 3000 ausgerüstet.

Die Stadt Offenbach nutzt einen EL 3000 als Sprengwagen mit Kehrwalze zur Straßenreinigung.

Gleich zwei EL 3000 mit hydraulisch kippbarem Müllkasten hat das städtische Tiefbauamt Mannheim in seinem Fuhrpark.

Auch den Dreitonner gibt es natürlich als Frontlenker. Einen solchen EL 3000 mit Truppkabine und Schlammsaugeaufbau setzt das Tiefbauamt der Stadt Duisburg zur Kanalreinigung ein.

Schwerstes Modell ist der Fünftonner EL 5000, für den das Chassis und auch die Kabine Mercedes-Benz zuliefert.

Für den Frontlenker in der 5-Tonnen-Klasse entwickelt die Maschinenfabrik Esslingen ein eigenes Chassis.

Ein EL 5000 mit Truppkabine und Schlammsaugeaufbau.

Der EL 5000 Frontlenker mit Truppkabine, aber noch ohne Aufbau im Werk Mettingen.

Oben: Hier sehen wir den fertigen EL 5000 mit Pritschenaufbau auf einer ersten Probefahrt. Ob außer diesem Prototyp noch weitere Exemplare dieses Modells entstanden sind, hat sich nicht ermitteln lassen.

Links: Speziell für den Einsatz hinter ihren Elektrolastwagen entwickelt die Maschinenfabrik Esslingen noch Ende der 1930er-Jahre einen eigenen 3-Tonnen-Anhänger.

Elektroschlepper

Einen gewissen Sonderstatus im Programm der Maschinenfabrik Esslingen nehmen die Elektroschlepper ein, da sie keine einheitliche Fahrzeuggruppe sind, sondern sich sowohl von den Elektrokarren als auch von den Elektrolastwagen ableiten. Der erste Vertreter dieser Bauart hat bereits 1924 in Form des S 1 seine Premiere. Er präsentiert sich als komplett eigenständige Konstruktion, die aber technisch viele der Lösungen der Elektrokarren übernimmt. So weist er eine Achsschenkellenkung und blattgefederte Achsen mit rollengelagerten Rädern mit Vollgummibereifung auf. Auch das Bremssystem aus Fußbremse, Handbremse und elektrischer Kurzschlussbremse ist aus den anderen Fahrzeugen übernommen. Der Fahrschalter mit je drei Fahrstufen je Fahrtrichtung, die ohne Widerstände geschaltet werden können, entspricht ebenfalls der der übrigen Esslinger Modelle. Dafür sind die Batterien beim Schlepper aufgrund des geringen Achsstandes hinter dem Fahrer über der Hinterachse platziert und dienen gleichzeitig als Ballast. Sie liefern den Strom für zwei federnd aufgehängte Motoren, die die Hinterräder einzeln antreiben. Trotz seiner geringen Größe ist der S 1 für Zuglasten bis zu 12 Tonnen, kurzzeitig 35 Tonnen ausgelegt. Auf Schienen bringt er es sogar auf 40 Tonnen, kurzzeitig 100 Tonnen Zuglast.

1928 kommt der KS 1 heraus, der sich optisch wie technisch von den zeitgleich produzierten Elektroführersitzkarren ableitet. Er ist für schwere Verschubdienste konzipiert und mit einem Stoßbalken an der Fahrzeugfront ausgestattet. Wie der S 1 ist auch er in erster Linie für innerbetriebliche Schlepp- und Schubleistungen gedacht, auch wenn die Fahrzeuge theoretisch eine Straßenzulassung erhalten könnten. Der erste echte Straßenschlepper kommt 1929 mit dem aus der neuen Elektrolastwagengeneration abgeleiteten S 202 ins Programm. Wie diese hat er ein Chassis aus einem geschweißten Stahlpressrahmen und ein geschlossenes Fahrerhaus in Kurzhauberoptik. Auch die komplette Technik bis auf den Antrieb übernimmt er von ihnen. Beim S 202 erfolgt dieser nämlich durch zwei Elektromotoren, die je eines der beiden Hinterräder über ein Zahnradvorgelege antreiben. Den Fahrstrom liefern wiederum die über der Hinterachse in einem entsprechenden Aufbau untergebrachten Batterien.

Doch arbeiten die Ingenieure bereits an einem komplett neuen Programm von Elektroschleppern, das ab 1934 nach und nach die alten Typen ablöst. Die kleinen Baureihen leiten sich dabei von den Elektrofahrerstandkarren ab und übernehmen deren Technik, während die Straßenschlepper Derivate der neuen Elektrolastwagengeneration sind. Allen gemeinsam ist der Antriebsstrang aus einem im Rahmen federnd aufgehängten Elektromotor, der an die Hinterachse angeflanscht ist und seine Kraft über ein Differential auf diese überträgt. Kleinstes Modell der Elektroschlepperserie ist der S 101, der nur als Führerstandschlepper erhältlich ist und maximal 4 Tonnen ziehen kann. Nächst größeres Modell ist der S 201, von dem es in Form des S 201 f auch eine Variante mit Fahrersitz und richtigem Lenkrad gibt. Er ist für Schlepplasten bis maximal 6 Tonnen ausgelegt. Wiederum eine Nummer größer ist der S 301 f für bis zu 10 Tonnen Schlepplast, während der S 501 f als Spitzenmodell für Schlepplasten bis 15 Tonnen ausgelegt ist.

Bei den Straßenschleppern beginnt das Programm mit den Baureihen ES 201 für Schlepplasten bis 6 Tonnen und ES 301 für bis zu 10 Tonnen. Beide besitzen eine einzeln bereifte Hinterachse und sind zunächst noch mit der alten Kabine in eckiger Optik ausgestattet. Darüber angesiedelt ist der ES 501 mit doppelt bereifter Hinter-

Klein aber oho: Mit dem S 1 steigt die Maschinenfabrik Esslingen 1924 in die Fertigung von Elektroschleppern ein. Der Zwerg bewältigt Zuglasten von 12 bzw. kurzzeitig 35 Tonnen. Auf Schienen steigt seine Schleppleistung sogar auf 40 bzw. kurzzeitig bis zu 100 Tonnen an.

Hier sehen wir einen S 1 bei werksinternen Verschubarbeiten auf dem Fabrikgelände der Maschinenfabrik Esslingen in Mettingen.

Der S 1 kann auch eine Straßenzulassung erhalten. Der Umzugwagen, den er am Haken hat, dürfte kein Problem für ihn gewesen sein, doch aufgrund seiner geringen Höchstgeschwindigkeit von gerade einmal 15 km/h war ein Umzug mit diesem Zugfahrzeug eine langwierige Aktion.

1928 kommt der größere KS 1 heraus, von dem aber wohl nur wenige Exemplare gebaut wurden. Er ist mit einem Stoßbalken versehen, kommt er doch zum Verschieben von Waggons zum Einsatz.

achse für bis zu 15 Tonnen Schlepplast. Größtes und schwerstes Modell ist schließlich der ES 801, der für eine maximale Schlepplast von 25 Tonnen konzipiert ist.

Nach Kriegsende startet die Fertigung zunächst wieder mit den unveränderten Vorkriegsbaureihen, bis 1950 ein neues Schlepperprogramm seine Premiere feiert. Einstiegsmodell ist der komplett neu entwickelte dreirädrige Klein-Schlepper S 101 f „Teddy". Die nächst größeren Modelle S 202, S 202 f, S 302, S 302 f und S 502 f sind dagegen nur optisch leicht aufgefrischte Varianten der entsprechenden Vorkriegsbaureihen. Bei den Straßenschleppern kommen die Modelle ES 300 in Frontlenkerbauweise und ES 600 in der bewährten Kurzhauberoptik zusätzlich ins Programm. Sie lösen in der Folge die übrigen Straßenschlepperbaureihen komplett ab. Ende 1953 endet aber auch ihre Fertigung. Ab dem Modelljahr 1954 bietet die Maschinenfabrik Esslingen serienmäßig nur noch den Klein-Schlepper S 101 f „Teddy", die beiden vom Fahrersitzkarren EK 2002 f abgeleiteten Modelle FS 202 und FS 302 sowie den S 502 f an. Ende 1963 wird auch deren Produktion eingestellt, wobei die Maschinenfabrik Esslingen bis zum endgültigen Aus der Fahrzeugfertigung 1968 auf speziellen Kundenwunsch noch weiterhin einzelne Elektroschleppfahrzeuge herstellen wird.

Ein KS 1 zieht im Reichsbahnausbesserungswerk Opladen einen D-Zug-Wagen.

Den ersten echten Straßenschlepper bringt die Maschinenfabrik Esslingen 1929 mit dem S 202 heraus. Er besitzt gemäß der neuen gesetzlichen Regelungen für Straßenfahrzeuge Luftbereifung. Zudem präsentiert er sich mit der neuen, weniger kantig gestalteten Kabine, die kurz darauf auch bei den Elektrolastwagen zur Anwendung kommt.

Wichtigster Abnehmer für den S 202 ist die Reichspost, für die hier gleich sieben Exemplare auf die Abholung warten.

Oben: Ab 1934 kommen schrittweise neue Schlepperbaureihen auf den Markt. Kleinstes Modell ist der S 101, den es nur als Führerstandschlepper gibt. Dieses Exemplar geht an die Deutsche Reichspost.

Rechts: Nächst größeres Modell ist der S 201 für Schlepplasten bis zu 6 Tonnen, hier in der Ausführung als Führerstandschlepper.

Unten: Bei diesem S 201 hat die Maschinenfabrik Esslingen den Führerstand mit einer Kabine versehen, wodurch der Fahrer vor Wind und Wetter besser geschützt ist.

Oben: In der Führersitzversion hört der 6-Tonnen-Schlepper auf die Typenbezeichnung S 201 f.

Mitte: Nur als Führersitzschlepper ist der S 301 f erhältlich. Er kann Lasten bis zu 10 Tonnen schleppen oder schieben und verfügt über Stoßbalken.

Unten: Für Schlepplasten bis zu 15 Tonnen ist das Spitzenmodell S 501 f ausgelegt, das sich hier mit offenem Batteriekasten präsentiert.

Das Programm an Straßenschleppern beginnt mit dem ES 201 für Schlepplasten bis zu 6 Tonnen. Die beiden abgebildeten Fahrzeuge gehen an die Deutsche Reichspost.

Bis zu 10 Tonnen kann der etwas größere ES 301 ziehen. Wie sein kleineres Schwestermodell ES 201 verfügt auch er über eine einzeln bereifte Hinterachse.

Im Laufe der Produktion ersetzt die neue Kabine mit schräger Haube die bisherige mit der steilen Schnauze. Auch dieser ES 301 stammt wieder aus einer Lieferserie für die Deutsche Reichspost.

Der Fuhrunternehmer Keinert nutzt seinen ES 301, um Kohlen zu seiner Kundschaft zu transportieren.

Das städtische Elektrizitätswerk in Freiburg erhält 1937 einen ES 501. Er kann Lasten bis zu 15 Tonnen ziehen, besitzt eine doppelt bereifte Hinterachse und die Kabine der schweren Elektrolastwagen.

Schwerstes Modell des Schlepperprogramms ist schließlich der ES 801 für Schlepplasten bis zu 25 Tonnen.

Hier gibt der geöffnete Batteriekasten den Blick auf die Batterien des ES 801 frei, die gleichzeitig als Ballast dienen.

Ab 1950 kommen neue Schlepperbaureihen auf den Markt. Einstiegsmodell ist der neu entwickelte Kleinschlepper S 101 f Teddy, den auch die Bundespost ordert. Die Detailaufnahme des Fahrerplatzes (rechts) zeigt die Anordnung der Pedale und des Wahlhebels für den Fahrschalter beim S 101 f Teddy.

Trotz seiner geringen Größe ist auch der S 101 f Teddy wieder ein Kraftpaket, wie diese Werbeaufnahmen bei einer Baustoffhandlung…

…und bei einer Papierfabrik verdeutlichen sollen.

Im Betriebshof Gröpelingen nutzen die Bremer Verkehrsbetriebe einen S 202 f, um ihre O-Busse, hier ein Henschel II-6500 mit Drauz-Aufbau, zu rangieren.

Ein Fahrerstandschlepper des Typs S 302 der Bundespost beim Transport einer ganzen Kolonne von Paketanhängern, die aber für das Fahrzeug keine sonderliche Herausforderung darstellen dürften.

Bei den Rheinischen Röhrenwerken in Mülheim ist dieser S 302 im werksinternen Verschubdienst im Einsatz und transportiert Gussteile von der Dreherei zur nächsten Bearbeitungsstation.

Als Fahrersitzschlepper trägt das Modell 302 die Typenbezeichnung S 302 f.

Oben: Bei der Firma Rotex in Untertürkheim ist dieser S 302 f mit Stoßbalken im Einsatz.

Unten: Größtes Modell der Werksschlepper ist der S 502 f, hier mit Vollgummibereifung.

Oben: Dieser vom harten Einsatz im Bahnhof Heidelberg schon gezeichnete S 502 f der Deutschen Bundespost weist dagegen Luftbereifung auf.

Unten: Ein S 502 f mit Vollgummireifen schiebt einen mit Gussteilen beladenen Niederbordwagen über das Firmengelände der Maschinenfabrik Esslingen.

Oben: Kleinstes Modell der Straßenschlepper ist der ES 300 in Frontlenkerbauweise.

Unten: Eine Mitarbeiterin der Maschinenfabrik muss bei dieser Werbeaufnahme als Fotomodell auf der hintern Sitzbank des ES 300 posieren.

Mit Stoßbalken an Front und Heck ist dieser ES 300 versehen, was ihm ein recht martialisches Aussehen verleiht.

Spitzenmodell ist der ES 600 für Schleppleistungen bis zu 20 Tonnen. Dieses Exemplar mit Stoßbalken zum Verschieben von Eisenbahnwaggons geht an die Firma Felten & Guilleaume in Köln. Da er nur werksintern eingesetzt wird, verfügt er zudem über Vollgummibereifung.

Bei der Maschinenfabrik Esslingen gibt es nichts, was nicht möglich ist. Auf speziellen Kundenwunsch entsteht auf Basis des Fahrerstandkarrens EK 3002 ein Schlepper, indem der Radstand des Ursprungsfahrzeugs verkürzt und die Batterien auf der Plattform platziert werden.

Die letzten serienmäßig gebauten Schlepper leiten sich von den Fahrersitzkarren des Typs EK 2002 f ab und tragen die Typenbezeichnungen FS 202 und FS 302. Mit eckigem Design präsentiert sich deren ultimative Evolutionsstufe in Form des EZF 604 für die Deutsche Bundespost, die im Bahnhof Heidelberg ihren Dienst tut.

Elektrohubkarren, Elektrogabelstapler und sonstige Flurförderfahrzeuge

Bereits kurz nach Produktionsstart der Elektrokarren zeigt sich, dass die Kundschaft immer wieder Hubvorrichtungen fordert, um die beförderten Güter auch anheben zu können. Die Maschinenfabrik Esslingen bietet daher schon Mitte der 1920er-Jahre als Sonderausstattung mechanische und elektrohydraulische Hubvorrichtungen für ihre Elektrokarren an. Gleichzeitig machen sich die Techniker an die Entwicklung der neuen Fahrzeuggattung der Elektrohubkarren, die 1933 vorgestellt werden können. Hierbei kombinieren sie eine Antriebseinheit mit einem gekröpften Plattformträger. Die blattgefederte Antriebsachse ist in der bekannten Konstruktionsweise ausgeführt und lenkbar. Ein federnd im Rahmen aufgehängter Motor überträgt seine Kraft mittels Ausgleichsgetriebe direkt auf sie, während mechanische Innenbackenbremsen für die Verzögerung sorgen. Die Lenkung erfolgt über den aus den Führerstandkarren bekannten Lenkhebel. In der Ausführung als Niederhubkarren NHK 1501 für 1500 kg Nutzlast, NHK 2001 für 2000 kg Nutzlast, der als NHK 2001 f auch mit Fahrersitz und Lenkrad erhältlich ist, sowie als NHK 3001 für bis zu 3000 kg Nutzlast kann der Plattformträger um maximal 150 mm angehoben werden. Für Kunden, die dagegen die transportierten Güter auch stapeln wollen, gibt es die Hochhubkarren HHK 1501 und HHK 2001, bei denen der Plattformträger auf bis zu 2000 mm angehoben werden kann. Von ihnen bietet die Maschinenfabrik Esslingen auch Sonderbauformen mit Gabeln oder Hubdornen statt des Plattformträgers an. Abgerundet wird das Programm schließlich durch den Niederplattformkarren NPK 1501 mit starrer, nicht anhebbarer Plattform

Ab 1940 ist kriegsbedingt nur noch der Niederhubkarren der 2-Tonnen-Klasse lieferbar, der nun die Typenbezeichnung EKN 2004 trägt. Zugleich kommt aber noch ein neu entwickelter Führersitzhubkarren für 3000 kg Hubleistung ins Programm. Letzterer besitzt bereits die Optik moderner Gabelstapler, weist aber noch eine starre, nicht neigbare Hubvorrichtung auf. Nach 1945 läuft die Fertigung wieder an, die das nun wieder komplette Vorkriegsprogramm umfasst. Erst 1951 lösen dann die komplett überarbeiteten Versionen NHK 2004, NHK 3002, EHK 1502, EHK 2004, EHK 3002, NPK 2004, NPK 3002 sowie FHK 3 die bisherigen Baureihen ab. Ab 1952 ergänzt der Hochhubkarren EHK 4006 f mit Fahrersitz das Programm, den aber in der Folge der EH 5 für Nutzlasten bis 5000 kg ersetzt. Von ihm gibt es auch eine Niederhubversion mit der Typenbezeichnung EN 5, die aber als Fahrerstandkarren ausgeführt ist. Zudem baut die Maschinenfabrik Esslingen ihre Produktlinie an Fahrersitzhochhubkarren nun konsequent aus. Kleinstes Modell der Serie ist der FHK 1,5 für Lasten bis maximal 1500 kg, das nächst größere der bekannte FHK 3 für 3000 kg. Über diesem sind die Fahrersitzhochhubkarren FHK 7,5, FHK 10 und der gewaltige FHK 15 angesiedelt, die wie ihre Typenbezeichnungen schon vermuten lassen, 7500 kg, 10 000 kg und bis zu 15 000 kg anheben können. Als konstruktive Besonderheit weisen sie als Vor-

Links: Kleinstes Modell der Niederhubkarren vor dem Krieg ist der NHK 1501. Das abgebildete Fahrzeug stammt aus einer Lieferserie von 60 Stück, die 1938 entstanden ist.

Oben: Die geöffnete Klappe des Schaltkastens gibt den Blick auf den Fahrschalter des NHK 1501 frei, der, wie damals üblich, als Segment-Walzenschalter ausgeführt ist.

derachse zwei fluchtende Pendelachsen mit jeweils eigenem Fahrmotor auf.

Während die Hochhubkarren bereits 1954 nach und nach aus dem Programm fallen, halten sich die Niederhubkarren und Niederplattformkarren noch bis Anfang der 1960er-Jahre, bis auch deren Fertigung endet. Dafür feiern bereits 1951 Gabelstapler in Form des Elektrostaplers EGS 1000 Jumbo ihre Premiere im Programm der Maschinenfabrik Esslingen. Ihr großer Vorteil gegenüber den Fahrerhochhubkarren, mit denen sie von der Grundkonstruktion her eng verwandt sind, ist die Tatsache, dass die Hubeinrichtung nicht starr, sondern neigbar ist, was das Stapeln der transportierten Güter erleichtert. Es verwundert daher kaum, dass dem EGS 1000 nur ein Jahr später der leistungsstärkere EGS 2000 zur Seite gestellt wird. Ab 1953 baut die Maschinenfabrik Esslingen dann ihr Programm an Elektrogabelstaplern kontinuierlich aus, die zudem auch neue Typenbezeichnungen erhalten. Kleinstes Modell ist nun der EG 0,6, während am anderen Ende der Skala der EG 5 steht. Allen Modellen gemeinsam ist die Konstruktionsweise mit einem geschweißten Stahlrahmen als Rückgrat. Die Lenkachse ist als gefederte Pendelachse ausgeführt und besitzt die bekannte Achsschenkellenkung. Die Antriebsachse folgt ebenfalls bekannten Konstruktionsprinzipien mit dem angeflanschten Motor, der über ein Ausgleichsgetriebe seine Kraft auf sie überträgt. Das Bremssystem bilden eine ölhydraulische Fußbremse, die als Innenbackenbremse auf die angetriebenen Vorderräder wirkt, sowie eine mechanische Feststellbremse.

Der Zweitonner NHK 2001 ist die nächst größere Baureihe der Niederhubkarren. 1936 kann die Maschinenfabrik Esslingen rund 100 Stück von ihm verkaufen.

Nach Abnahme von Aufbau und Plattformträger ist die gekröpfte Rahmenstruktur gut erkennbar. Der NHK 2001 besitzt zusätzlich auch noch eine Allradlenkung, wie zu sehen ist.

Im direkten Vergleich wird der Unterschied zwischen dem NHK 2001 links und dem NHK 1501 rechts deutlich sichtbar.

Den Zweitonner bietet die Maschinenfabrik Esslingen auch als Fahrersitzkarren an. Die Typenbezeichnung dieser Version ist NHK 2001 f.

Wie beim normalen NHK 2001 ist auch beim NHK 2001 f der Plattformträger um maximal 150 mm anhebbar.

Hier sehen wir einen NHK 2001 f des Baujahres 1934 im Einsatz im Güterbahnhof Ulm.

Die Reichsbahn ist ein wichtiger Kunde für den NHK 2001 f. Dieses Exemplar aus dem Jahr 1938 ist eine überarbeitete Version, bei der der Fahrersitz nun über den Batterien platziert ist.

Blick auf den Fahrschalter des NHK 2001 f des Baujahres 1938.

Zusätzlich gibt es auch noch die Schwerlaststapler ESS 10, ESS 15 und ESS 25, die aus den entsprechenden Fahrerhochhubkarren weiterentwickelt wurden, indem man diese mit einer neigbaren Hubvorrichtung versehen hat. Im Gegensatz zu den normalen Gabelstaplern besitzen sie wiederum als Vorderachse zwei fluchtende Pendelachsen, welche jede über einen eigenen Fahrmotor angetrieben wird. Die Lenkung erfolgt mit Hydraulikunterstützung und die Fußbremse ist als hydraulische Vorderachsgetriebebremse und Hinterachsradbremse ausgebildet. Die Elektrogabelstapler bleiben bis zum Ende der Fahrzeugfertigung der Maschinenfabrik Esslingen im Programm, wobei sich das Typenangebot ab 1960 merklich reduziert und auf die gängigsten Baureihen beschränkt.

Es würde den Rahmen dieses Bildbandes sprengen, auf jede Sonderbauform an Flurförderfahrzeugen, die die Maschinenfabrik Esslingen zwischen 1951 und 1968 produziert hat, genau einzugehen. Eine Fahrzeuggruppe verdient es aber, sie genauer zu betrachten, nicht zuletzt, da sie oft zusammen mit den Schwerlaststaplern zum Einsatz gekommen ist. Der Schwerlastplattformwagen ist eine Sonderbauform des klassischen Fahrersitzkarrens. In der leichtesten Version EKF 10 002 ist er für Nutzlasten bis 10 Tonnen ausgelegt, als EKF 15 002 für bis zu 15 Tonnen. Noch gewaltiger fallen der EKF 20 002 für 20 Tonnen Nutzlast und das Spitzenmodell EKF 35 002, das bis zu 35 Tonnen transportieren kann, aus. Wie bei allen Elektrofahrzeugen der Maschinenfabrik Esslingen üblich, bildet auch bei den Schwerlastplattformwagen ein geschweißter Stahlrahmen das Rückgrat der Konstruktion. Die Achsen sind als Pendelachsen ausgeführt, wobei die hydraulisch lenkbare Vorderachse auch angetrieben ist, während die Hinterachse aus zwei fluchtenden Achsen besteht. Das Bremssystem übernehmen die Fahrzeuge von den Schwerlaststaplern und wie diese bleiben auch sie bis zum Ende der Fahrzeugfertigung der Maschinenfabrik Esslingen 1968 im Programm.

Diese Ansicht auf das Fahrgestell eines NHK 2001 f zeigt gut die klassische Bauweise des Antriebsstranges der meisten Elektrofahrzeuge der Maschinenfabrik Esslingen. Der Fahrmotor ist direkt an die Antriebsachse angeflanscht.

Der Güterbahnhof Ulm dient wieder einmal als Kulisse für diese Werbeaufnahme mit dem NHK 2001 f in der Version von 1938.

Schwerstes Modell der Niederhubkarren-Serie ist der Dreitonner NHK 3001.

Hier sehen wir den NHK 3001 in der Seitenansicht. Gut erkennbar die Doppelachse unter dem Plattformträger.

Die Niederhubkarren bleiben auch nach dem Krieg im Programm. Der Zweitonner trägt jetzt die Typenbezeichnung NHK 2004.

Die Niederhubkarren sind vielfältig einsetzbar. Dieser NHK 2004 befördert eine Kippmulde, die rechts gerade schwer mit Bauschutt beladen wird.

Oben: Mit dem entsprechenden Aufbau versehen, kann der NHK 2004 auch als Industriestaubsauger zur Reinigung von Werkshallen eingesetzt werden.

Unten: Deutlich gezeichnet von seinem Einsatz beim Transport von Schmelzen in einer Gießerei präsentiert sich der hier abgebildete NHK 2004.

Der Dreitonner erhält nach dem Krieg die neue Typenbezeichnung NHK 3002.

Ein NHK 3002 beim Transport eines Behälters in einer Aluminium-Gießerei.

Der Niederplattformkarren besitzt eine starre Plattform. Der hier abgebildete NPK 1501 geht mit einem Schwesterfahrzeug 1938 an das Haus der Deutschen Kunst in München, wo er zum Besuchertransport eingesetzt wird.

Links: Auch die Serie der Niederplattformkarren wird nach dem Krieg fortgesetzt. Dieser Zweitonner des Typs NPK 2004 ist mit einem Drehkran ausgestattet, um das Transportgut leichter auf den Plattformträger heben zu können. Rechts: Ein NPK 2004 mit aufgesatteltem Anhänger beim Transport einer Linoleum-Rolle bei der DLW in Bietigheim.

Mit einem Transportaufbau inklusive Gattierungswaage von Toledo ist dieser NPK 2004 ausgerüstet.

Die dritte Gruppe an Hubkarren, die in den 1930er-Jahren auf den Markt kommen, sind die Hochhubkarren wie der HHK 1501 mit elektrohydraulischer Hubvorrichtung.

Die schwerere Ausführung der Hochhubkarren trägt die Typenbezeichnung HHK 2001 und hat entsprechend eine Nutzlast bis zu 2 Tonnen.

Bei den Hochhubkarren kann der Plattformträger auf bis zu 2000 mm angehoben werden, wie man hier gut sehen kann.

Von den Hochhubkarren bietet die Maschinenfabrik Esslingen auch verschiedene Spezialbauformen an, bei denen der Plattformträger durch einen Hubdorn oder Gabeln ersetzt ist. Hier zu sehen ein HHK 2001 mit Hubdorn.

Bei diesen beiden Exemplaren handelt es sich wiederum um das Modell HHK 2001, das aber diesmal mit einer elektromechanischen Spezialhubvorrichtung versehen ist.

Nach dem Krieg beginnt die neue Typenbezeichnung der Hochhubkarren mit dem Kürzel EHK. Der hier abgebildete EHK 1501 ist eine Sonderkonstruktion zum Transport von Linoleum-Rollen.

Eine ganze Serie dieser speziellen EHK 1501 erhält in den 1950er-Jahren die DLW in Bietigheim.

Links: Das nächst größere Modell im Programm ist der EHK 2004 mit Allradlenkung. Rechts: Der Einsatzzweck der Hochhubkarren ähnelt dem moderner Gabelstapler, wie an dieser Verladeszene bei der Daimler-Benz AG im Werk Sindelfingen mit einem EHK 2004 gut zu sehen ist.

1952 kommt der EHK 4006 f ins Programm. Wie die Typenbezeichnung erkennen lässt, verfügt er über eine Nutzlast von 4 Tonnen, Allradlenkung und einen Sitzplatz für den Fahrer.

Aus dieser Perspektive ist der hebbare Plattformträger des EHK 4006 f gut zu erkennen. Später ersetzt die Maschinenfabrik Esslingen dieses Modell durch den Fünftonner EH 5.

Mitten im Krieg kommt der erste Führersitzhubkarren heraus. Der Erstling von 1940 trägt zunächst noch keine Typenbezeichnung und ist für Hublasten bis 3 Tonnen ausgelegt.

Oben: In den 1950er-Jahren baut die Maschinenfabrik ihr Programm an Fahrersitz-hochhubkarren konsequent aus. Kleinstes Modell ist der FHK 1,5 für Lasten bis 1,5 Tonnen.

Unten: Hier hat der Werksfotograf einen FHK 1,5 in einer klassischen Verladeszene abgelichtet.

Den FHK 1,5 gibt es sowohl mit Luftbereifung als auch mit Vollgummibereifung wie bei diesem Exemplar der zweiten, überarbeiteten Bauserie.

Ein FHK 1,5 mit Vollgummireifen und zusätzlichem Kranhaken.

Mit einem Kippschaufelvorbaugerät ist dieser luftbereifte FHK 1,5 ausgestattet.

Der FHK 3 ist für Hublasten bis 3 Tonnen ausgelegt. Hier transportiert gerade ein Exemplar ein Gussteil zur Weiterverarbeitung.

Auch der FHK 3 kann mit einem Kippschaufelvorbaugerät versehen werden.

Ein FHK 3 einer späteren Bauserie mit leicht überarbeitetem Aufbau und einem Kranarm statt Gabeln.

Oben: Der Kleinste der schweren Fahrersitzhochhubkarren ist der FHK 7,5, hier in der Version mit Gabeln.

Unten: Dieser FHK 7,5 präsentiert sich dagegen als Dornhubkarren.

Oben: Die nächst schwerere Baureihe ist der FHK 10 für Hublasten bis zu 10 Tonnen. Auch dieses Exemplar ist als Dornhubkarren ausgeführt.

Unten: Spitzenmodell ist der FHK 15, der bis zu 15 Tonnen anheben kann.

Mit dem EGS 1000 Jumbo startet 1951 die Gabelstaplerproduktion der Maschinenfabrik Esslingen.

Bereits 1952 kommt der stärkere EGS 2000 auf den Markt, der nun, wie der Name schon vermuten lässt, bis zu 2 Tonnen anheben kann.

Der EGS 2000 bleibt auch nach der Vorstellung der neuen Gabelstaplerfamilie 1953 zunächst noch im Programm. Seine Typenbezeichnung lautet nun EG 2/235.

Oben links: Kleinster Gabelstapler ist der EG 0,6 mit 1800 mm Hubhöhe.

Oben rechts: Der EG 1 kann Lasten bis zu einer Tonne heben. Er ist mit Luft- oder Vollgummireifen zu haben.

Unten links: Der EG 2 in der Variante mit Vollgummibereifung ist auf dieser Abbildung zu sehen.

Unten rechts: Für Lasten bis zu 2 Tonnen ist der EG 2 gedacht, hier mit Luftbereifung.

Etwas schwerer ist der EG 2,5. Dieses Exemplar mit Vollgummireifen transportiert Gussteile.

Wie üblich kann auch der EG 2,5 sowohl mit Vollgummi- als auch Luftbereifung geordert werden.

Für Hublasten bis zu 5 Tonnen ist der EG 5 ausgelegt.

Wahre Giganten sind die Schwerlaststapler der Maschinenfabrik Esslingen. Das größte Exemplar, den ESS 25, sehen wir hier im Einsatz in einem Walzwerk.

Eine Sonderbauform des klassischen Fahrersitzkarrens sind die Schwerlastplattformwagen. Das hier abgebildete Fahrzeug ist ein EKF 20 002, der Gussteile bis 20 Tonnen transportieren kann.

Größtes Modell der Baureihe ist der EKF 35 002, der hier gerade von einem Dieselgabelstapler des Typs DG 8 beladen wird.

Das Archiv der Maschinenfabrik Esslingen

Wann genau die Verantwortlichen der Maschinenfabrik Esslingen damit anfingen, ein werkseigenes Archiv aufzubauen, ist nicht bekannt, doch muss die systematische Erfassung und Archivierung der Firmengeschichte schon sehr früh begonnen haben. Diese Erfassung umfasst sowohl administrative Vorgänge wie Bilanzakten, Vorstandprotokolle oder die Personalkartei als auch die technische Seite der Firmengeschichte in Form von Werbedruckschriften, technischen Zeichnungen und einer Fotosammlung mit weit über 10 000 Motiven. Dadurch ist die Entwicklung der Maschinenfabrik Esslingen von ihren Anfängen im Jahr 1846 bis zum Ende der Produktion 1968 fast lückenlos dokumentiert. Zudem haben auch Unterlagen zu den damals von der Maschinenfabrik Esslingen übernommenen Firmen wie der Gebrüder Decker und der Dampfkesselfabrik G. Kuhn ihren Weg in das Archiv gefunden. Aber auch Dokumente zu Tochterunternehmen wie der Elektrotechnischen Fabrik Cannstatt oder der Lokomotivfabrik Saronno sind so der Nachwelt erhalten geblieben.

Ursprünglich direkt im Werk Mettingen angesiedelt, geht das Archiv in Folge der Übernahme und nachfolgenden Abwicklung der Maschinenfabrik Esslingen durch die Daimler-Benz AG im Jahre 1965 in deren Besitz über. Da man sich dort der Bedeutung des Archivgutes für die Wirtschafts- und Technikgeschichte der Region und des Landes Baden-Württemberg bewusst ist, wird das Archivgut in das Daimler Konzernarchiv integriert. Diese Weitsicht ist bewundernswert, wurden doch gerade in jenen Jahren zahlreiche Archive im blinden Neuerungswahn für immer vernichtet.

Im Rahmen einer Bestandsbereinigung der Archivebestände der Daimler AG fällt 2014 schließlich die Entscheidung, das Archivgut der Maschinenfabrik Esslingen dem Wirtschaftsarchiv Baden-Württemberg zu übergeben, das bereits seit 1984 eine Sammlung von Archivalien zur Geschichte der Maschinenfabrik aus dem Nachlass eines ehemaligen Mitarbeiters besitzt. Im Wirtschaftsarchiv erfolgt nun schrittweise eine detaillierte Verzeichnung und archivgerechte Umbettung des Bestandes, damit dieser nach und nach der Forschung zugänglich gemacht werden kann.

Interessierte Forscher können sich mit Anfragen unter folgender Adresse direkt an das Wirtschaftsarchiv Hohenheim wenden:

Wirtschaftsarchiv Baden-Württemberg
Schloss Hohenheim
70593 Stuttgart

Tel. +49 (0)711-459 23142
Fax +49 (0)711-459 23710

wabw@uni-hohenheim.de
https://wabw.uni-hohenheim.de

Bei der Pressekonferenz zur offiziellen Übergabe des Archives der Maschinenfabrik Esslingen an das Wirtschaftsarchiv Baden-Württemberg am 17. Juli 2015 hatten die geladenen Journalisten die Möglichkeit, einige der Archivalien im blauen Salon des Schlosses Hohenheim in Augenschein zu nehmen…

Neben Fotografien und technischen Zeichnungen umfasst der Bestand auch umfangreiches Schriftgut.

Links: Wolfgang Rabus von den Mercedes-Benz Classic Archiven (links) und Christian Müller vom Wirtschaftsarchiv Baden-Württemberg (rechts) bei der Präsentation einiger Archivalien. Rechts: Jürgen E. Wittmann, der Leiter der Mercedes-Benz Classic Archive (rechts), bei der feierlichen Übergabe des Archives der Maschinenfabrik Esslingen an das Wirtschaftsarchiv Baden-Württemberg, vertreten durch seine Leiterin Frau Jutta Hanitsch (links) und Prof. Dr. Gert Kollmer-von Oheimb-Loup (Mitte)

Literatur

Bücher:

- Messerschmidt, Wolfgang; Lokomotiven der Maschinenfabrik Esslingen 1841 bis 1966. Ein Kapitel internationalen Lokomotivbaues; Steiger, Moers 1984

- Regenberg, Bernd; Die deutschen Lastwagen der Wirtschaftswunderzeit – Band 1: Vom Dreiradlieferwagen zum Viereinhalbtonner; Verlag Podszun-Motorbücher GmbH 1988

Zeitschriften:

- Das Elektrofahrzeug
- Das Lastauto
- Das Nutzfahrzeug
- Esslinger Dampfdruck
- Historischer Kraftverkehr
- Last und Kraft
- Stuttgarter Nachrichten

Bildquellen

Sofern nicht anders vermerkt, stammen sämtliche Abbildungen aus dem Bestand der Maschinenfabrik Esslingen im Wirtschaftsarchiv Baden-Württemberg.

Weitere Bücher unseres Verlages

Fordern Sie unser Gesamtverzeichnis an, das wir Ihnen kostenlos und unverbindlich liefern mit Büchern über Autos, Motorräder, Lastwagen, Traktoren, Feuerwehrfahrzeuge, Baumaschinen und Lokomotiven:

Verlag Podszun Motorbücher GmbH
Elisabethstraße 23–25, 59929 Brilon
Telefon 02961-53213, Fax 02961-9639900
Email info@podszun-verlag.de
www.podszun-verlag.de

Mühlbergs schönste Fotos der Spitfires, Messerschmitts, Junkers, Focke-Wulfs, Boeings, Bückers und all der anderen.

144 Seiten, 360 Abbildungen
28 x 21 cm, fester Einband
978-3-86133-838-3 EUR 29,90

Die ruhmreiche Geschichte des Lokomotivenbaus bei Hanomag mit allen Besonderheiten und Fabriknummern-Verzeichnis.

192 Seiten, 340 Abbildungen
28 x 21 cm, fester Einband
978-3-86133-352-4 EUR 29,90

Ein Bildband mit aktuellen und historischen Aufnahmen, teils auch von nicht öffentlich zugänglichen Anlagen.

152 Seiten, 280 Abbildungen
28 x 21 cm, fester Einband
978-3-86133-391-3 EUR 12,90

Erstklassige Fotografien von den Fahrzeugen der Düsseldorfer Feuerwehren, die komplett und umfassend dargestellt werden.

360 Seiten, 950 Abbildungen
28 x 21 cm, fester Einband
978-3-86133-827-7 EUR 49,90

Hier sind die Fahrzeuge aller Rettungsdienste und Hilfsorganisationen in Düsseldorf erstmalig dokumentiert.

198 Seiten, 645 Abbildungen
28 x 21 cm, fester Einband
978-3-86133-854-3 EUR 34,90

In zwei Bänden dokumentiert Klaus Fischer umfassend und kenntnisreich die lange und interessante Geschichte der MAN-Feuerwehrfahrzeuge. Erster Band: Die Einsatzfahrzeuge ab 1915 bis zur Jahrtausendwende. Zweiter Band: Die Trucknology Generation ab 2000

256 Seiten, 435 Abbildungen
28 x 21 cm, fester Einband
978-3-86133-858-1 EUR 39,90

256 Seiten, 390 Abbildungen
28 x 21 cm, fester Einband
978-3-86133-872-7 EUR 39,90

Die ELW, die vom Pkw bis zum tonnenschweren Lkw reichen. Mit ausführlichem historischen Teil. Faszinierende Bilder.

180 Seiten, 480 Abbildungen
28 x 21 cm, fester Einband
978-3-86133-772-0 EUR 29,90

Gottwald Krane der Reihen MK, AK, AMK bei Tests, auf Messen, bei Vorführungen und spektakulären Einsätzen.

160 Seiten, 580 Abbildungen
28 x 21 cm, fester Einband
978-3-86133-474-3 EUR 29,90

Auch im zweiten und dritten Band werden Gottwald Krane der Reihen MK, AK, AMK bei Tests, auf Messen, bei Vorführungen und spektakulären Einsätzen gezeigt und kenntnisreich kommentiert. Mit vielen bisher unveröffentlichten Abbildungen.

160 Seiten, 420 Abbildungen
28 x 21 cm, fester Einband
978-3-86133-811-6 EUR 29,90

160 Seiten, 440 Abbildungen
28 x 21 cm, fester Einband
978-3-86133-812-3 EUR 29,90

Im ersten Band werden die Krane vom AUK 40 bis zum LG 1150 präsentiert, gebaut von Anfang der 1950er bis Mitte der 1990er Jahre.

128 Seiten, 320 Abbildungen
28 x 21 cm, fester Einband
978-3-86133-810-9 EUR 24,90

Im zweiten Band geht es um die Krane vom LG 1180 bis zum LG 1650, gebaut von Anfang der 1970er bis Mitte der 1990er Jahre.

136 Seiten, 330 Abbildungen
28 x 21 cm, fester Einband
978-3-86133-813-0 EUR 24,90

Rückblick in die Welt der Sechszylindertraktoren der damaligen Zeit, eine einzigartige Bilderschau mit allen Daten.

170 Seiten, 450 Abbildungen
28 x 21 cm, fester Einband
978-3-86133-839-0 EUR 29,90

Der Unimog als Helfer der Forstbetriebe. Im ersten Band geht es um die Holzrückung. Mit höchst seltenen Fotografien

136 Seiten, 320 Abbildungen
28 x 21 cm, fester Einband
978-3-86133-830-7 EUR 24,90

Im zweiten Band geht es um den Wegebau und viele andere Arbeiten, die der Unimog bei Forstbetrieben erledigt.

136 Seiten, 325 Abbildungen
28 x 21 cm, fester Einband
978-3-86133-856-7 EUR 24,90

1. Band: Die Anfänge des Ackerschlepper- und Motorenbaus bei MAN mit den wichtigen Eckpunkten der Landtechnik.

170 Seiten, 580 Abbildungen
28 x 21 cm, fester Einband
978-3-86133-898-7 EUR 29,90

2. Band: Die Münchener Periode der MAN-Schlepperfertigung ab 1955, mit den nach dem M-Verfahren arbeitenden Motoren.

170 Seiten, 580 Abbildungen
28 x 21 cm, fester Einband
978-3-86133-899-4 EUR 29,90

Die Autoren haben erneut oft einzigartige Fahrzeuge ausfindig gemacht, von MAN, MB, Volvo, Iveco mit bis zu sechs Achsen.

170 Seiten, 420 Abbildungen
28 x 21 cm, fester Einband
978-3-86133-840-6 EUR 29,90

Die spannenden Transporte der ungeheuer schweren und im Ausmaß gewaltigen Transformatoren, Generatoren und Turbinen.

272 Seiten, 880 Abbildungen
28 x 21 cm, fester Einband
978-3-86133-885-7 EUR 39,90

Der fünfte und abschließende Band der Bildarchiv-Reihe zeigt die Transporte einzelner Speditionen ab 1980 bis 2000.

144 Seiten, 380 Abbildungen
28 x 21 cm, fester Einband
978-3-86133-886-4 EUR 24,90

In den 1970ern und 1980ern galt Schütz als die bekannteste Schwerlastfirma. Hier ist die komplette Chronik!

222 Seiten, 590 Abbildungen
28 x 21 cm, fester Einband
978-3-86133-855-0 EUR 39,90

Seit 85 Jahren ist Knoll in Sachen Transport unterwegs und bekannt wegen spektakulärer Einsätze in hochalpinen Gegenden.

184 Seiten, 480 Abbildungen
28 x 21 cm, fester Einband
978-3-86133-900-7 EUR 29,90

Geschichte des Milchtransports vom Handkarren bis zu den modernen Tankfahrzeugen von heute. Umfassende Bildchronik.

160 Seiten, 380 Abbildungen
28 x 21 cm, fester Einband
978-3-86133-562-7 EUR 24,90

Rund 270 MAN-Großfahrzeuge im Einsatz. Mit ausführlichen Beschreibungen und technischen Daten.

144 Seiten, 310 Abbildungen
28 x 21 cm, fester Einband
978-3-86133-359-3 EUR 14,95

Dokumentation aller Omnibus- und Lastwagentypen, die von der KVG Sachsen bis 1948 eingesetzt wurden.

216 Seiten, 310 Abbildungen
28 x 21 cm, fester Einband
978-3-86133-191-9 EUR 17,45

Alle Borgward Lastwagen und Omnibusse und speziell die Sonderaufbauten werden erstmals gezeigt und beschrieben.

220 Seiten, 550 Abbildungen
28 x 21 cm, fester Einband
978-3-86133-456-9 EUR 39,90

Nachschlagewerk mit vielen erstmals veröffentlichten Aufnahmen und umfangreichen technischen Daten.

358 Seiten, 1.200 Abbildungen
28 x 22 cm, fester Einband
978-3-86133-786-7 EUR 49,90